bon temps 風格生活╳美好時光

DESSERT ROAD

Se⬤ul 首爾 Dessert Road

人 氣 甜 點 全 書

江南・弘大・林蔭道・梨泰院・三清洞5大商圈名店

80道最IN甜點食譜全攻略 ｜ 李智惠 —— 著　林芳仔 譯

首爾人氣甜點全書

江南‧弘大‧林蔭道‧梨泰‧三清洞5大商圈名店，80道最IN甜點食譜全攻略

作　　者	李智惠
譯　　者	林芳仔
主　　編	曹　慧
美術設計	比比司設計工作室
社　　長	郭重興
發行人兼出版總監	曾大福
出版總監	陳蕙慧
總 編 輯	曹　慧
編輯出版	奇光出版
	E-mail: lumieres@bookrep.com.tw
	部落格：http://lumieresino.pixnet.net/blog
	粉絲團：https://www.facebook.com/lumierespublishing
發　　行	遠足文化事業股份有限公司
	http://www.bookrep.com.tw
	23141新北市新店區民權路108-4號8樓
	電話：（02）22181417
	客服專線：0800-221029　傳真：（02）86671065
	郵撥帳號：19504465　戶名：遠足文化事業股份有限公司
法律顧問	華洋法律事務所　蘇文生律師
印　　製	成陽印刷股份有限公司
初版一刷	2018年3月
定　　價	480元

國家圖書館出版品預行編目（CIP）資料

首爾人氣甜點全書：江南‧弘大‧林蔭道‧梨
泰院‧三清洞5大商圈名店，80道最IN甜點食譜
全攻略 / 李智惠著；林芳仔譯. -- 初版. -- 新北市
：奇光出版：遠足文化發行，2018.03

　面；　公分

ISBN 978-986-94883-7-2（平裝）

1.點心食譜

427.16　　　　　　　　　　　　106025469

讀者線上回函

甜點不僅只是為了飯後爽口而吃的點心，
吃甜點也是一人獨享或與親友共享的甜蜜時光。

那新鮮、柔順、甜蜜的滋味……
比水果還甜美，令人捨不得讓它在口中融化，
更比餅乾多了些手作的溫度。

如此誘人的東西……
一個人獨享實在可惜，更適合兩個人一起品嘗，
甚至是三個人共享，讓幸福融化在大家的口中。

寂寞感傷時喝著葡萄酒或咖啡，
配上一份甜點，
那甜蜜的滋味，總能慰藉我們的身心靈。
那誘人的香氣，就像是能驅散壞心情的正能量，撲鼻而來……

新沙洞林蔭道、江南、弘大、梨泰院、三清洞等商圈有許多知名的甜點，
我正一一發掘，呈現在我的甜點世界裡。

2015年11月 李智惠

前言 ………… 003

🍯 烘焙的基本事前準備 ………… 008

🌿 烘焙的基本用語 ………… 009

🥄 烘焙的基本工具 ………… 010

🥄 烘焙的基本食材 ………… 012

🥖 烘焙的基本烤模 ………… 014

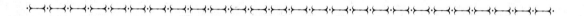

Part ① 林蔭道 🏠

1-1　脆皮泡芙 ………… 018

1-2　青葡萄塔 ………… 024

1-3　摩卡巧克力罐子蛋糕 ………… 030

1-4　巧克力樹幹蛋糕 ………… 036

1-5　藍莓乳酪塔 ………… 041

1-6　聖誕樹餅乾 ………… 046

1-7　不列塔尼酥餅，三種口味 ………… 048

1-8　彩虹蛋糕 ………… 052

1-9　草莓罐子蛋糕 ………… 056

1-10　南瓜派 ………… 060

1-11　抹茶（綠茶）白巧克力蛋糕 ………… 064

1-12　生乳蛋糕捲（堂島蛋糕捲） ………… 066

1-13　抹茶（綠茶）磅蛋糕 ………… 070

1-14　番茄提拉米蘇 ………… 072

DESSERT ROAD   CONTENTS

PART ② 江南

2-1　提拉米蘇塔 ………… 080

2-2　香草閃電泡芙 ………… 088

2-3　巧克力閃電泡芙 ………… 093

2-4　蜜桃紅茶脆皮蛋糕捲 ………… 098

2-5　紅絲絨杯子蛋糕 ………… 102

2-6　香草千層蛋糕 ………… 106

2-7　蜂蜜蛋糕 ………… 110

2-8　紐約乳酪蛋糕 ………… 114

2-9　焦糖冰淇淋 ………… 117

2-10　椰香司康 ………… 120

2-11　抹茶白巧克力脆皮蛋糕捲 ………… 123

2-12　海鹽焦糖馬卡龍 ………… 126

2-13　地瓜餅乾 ………… 131

2-14　黑糖瑪德蓮 ………… 134

2-15　三色大理石費南雪 ………… 136

2-16　基礎鬆餅 ………… 138

2-17　檸檬薑片汽水 ………… 140

2-18　草莓拿鐵 ………… 142

2-19　覆盆子馬卡龍 ………… 144

2-20　小熊杯子蛋糕 ………… 149

PART ③ 弘大

3-1 　法式草莓千層酥 ………… 156

3-2 　蝴蝶酥 ………… 162

3-3 　開心果無花果塔 ………… 166

3-4 　伯爵茶巧克力慕斯蛋糕 ………… 172

3-5 　萬聖節餅乾 ………… 178

3-6 　開心果磅蛋糕 ………… 182

3-7 　帕達諾乳酪酥餅 ………… 185

3-8 　橙皮巧克力磅蛋糕 ………… 188

3-9 　巧克力布朗尼餅乾 ………… 191

3-10 　榛果費南雪 ………… 194

3-11 　開心果費南雪 ………… 197

3-12 　馬卡龍冰淇淋 ………… 200

3-13 　蒙地安巧克力 ………… 206

3-14 　海鹽香草牛奶糖 ………… 209

3-15 　熔岩巧克力蛋糕 ………… 212

3-16 　椰香蛋白霜脆餅 ………… 214

3-17 　法式熱巧克力（熱可可） ………… 216

PART ④ 梨泰院

4-1　藍莓夏洛特 ……… 220
4-2　香蕉布丁 ……… 226
4-3　彩虹蛋糕捲 ……… 230
4-4　胡蘿蔔蛋糕 ……… 235
4-5　法式生巧克力塔 ……… 238
4-6　草莓脆皮蛋糕捲 ……… 242
4-7　香草焦糖布丁 ……… 246
4-8　檸檬蛋糕 ……… 249
4-9　草莓三明治 ……… 252
4-10　OREO餅乾杯子蛋糕 ……… 254
4-11　雙倍巧克力餅乾 ……… 257
4-12　德式鐵鍋煎餅 ……… 260
4-13　紅茶酥餅 ……… 262
4-14　白巧克力豆夏威夷豆餅乾 ……… 264
4-15　牛奶抹醬 ……… 266
4-16　能多益巧克力蛋糕 ……… 268
4-17　蒙布朗 ……… 270

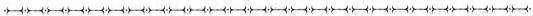

PART ⑤ 三清洞

5-1　香蕉巧克力慕斯塔 ……… 278
5-2　蛋塔 ……… 285
5-3　番茄磅蛋糕 ……… 288
5-4　羊羹，三種口味 ……… 292
5-5　迷你抹茶（綠茶）戚風蛋糕 ……… 296
5-6　抹茶刨冰 ……… 299
5-7　杏仁巧克力，三種口味 ……… 302
5-8　南瓜義式脆餅 ……… 305
5-9　吉拿圈 ……… 308
5-10　生巧克力（松露巧克力） ……… 311
5-11　年糕土司 ……… 314
5-12　糯米蛋糕 ……… 316

烘焙的基本事前準備

奶油和雞蛋要預先放置在常溫中退冰

奶油和雞蛋一般是放置在冰箱冷藏保存，因此烘焙前1小時要先從冰箱中取出，放置在常溫退冰再使用。製作餅乾、瑪芬、磅蛋糕，乳化的過程中（依序加入奶油、砂糖、雞蛋打發並混和的過程），若使用的食材是冰冷的狀態會很難混和均勻。冰冷的蛋液遇上油脂類（奶油）時，很可能會產生油水分離的現象。烘焙甜點所使用的奶油大多為常溫狀態，所謂的常溫狀態是指將奶油預先放置常溫退冰，用手指輕壓就會凹陷的軟化狀態。食譜中若沒有特別說明要使用冰冷、固態的奶油，請務必將奶油先取出退冰成為軟化狀態再使用。另外，食譜中若註明要用維持冰冷狀態的食材，如：打發用的鮮奶油，請放置冰箱維持冷度，使用時再取出。

準備基本工具

烘焙前，依據想做的烘焙品項，準備好烘焙所需的基本工具，整齊地放置在作業區，烘焙時才方便取用，不會因為找不到工具而手忙腳亂。橡皮刮刀、電動攪拌器、打蛋器、調理盆等基本工具請務必事先準備好。

測量食材與過篩粉類食材

烘焙前，最重要的準備工作之一就是測量食材。烘焙食材若隨便用目測或是隨性加減份量，絕對無法做出成功的完成品。烘焙成功的第一要素就是準確測量食材，請務必使用料理秤、量匙、量杯等測量工具，備好各食材的準確份量。此外，步驟說明中，若粉類食材沒有特別說明要分開放，測量好份量之後，可以預先將粉類食材一起混和並過篩1～2次。過篩粉類食材時，可以將網篩稍微拿高一點，使粉類顆粒降落時間拉長，與空氣充分接觸。粉類食材過篩是烘焙必要的事前準備工作之一，不僅可以過濾掉食材中的雜質，不易結塊，還可以使其充分混和拌勻。

準備好烤模

烘焙前，依據自己想做的品項，決定要用圓形烤模或是方形烤模，並剪裁烘焙紙，鋪入烤模內。若烤模沒有事先準備好，等麵糊拌好才要開始處理烤模，會變得手忙腳亂並影響成功率。尤其是製作蛋糕捲和海綿蛋糕的時候，是將空氣打入蛋液中形成泡沫，再經過烘烤才會蓬鬆，一旦麵糊攪拌好，時間拖延過久，麵糊中的泡沫很可能會消泡，烤出來的蛋糕就會不蓬鬆。因此，務必預先準備好烤模，麵糊拌好之後，就能立即倒入烤模內，放入烤箱烘烤。此外，瑪德蓮和費南雪因為形狀比較特殊，無法鋪烘焙紙，烘焙前，用刷子均勻塗抹奶油在專用烤模內，並放入冰箱冷藏備用。使用烤盤時，鋪上與烤盤大小一致的烤盤墊、烤盤布或烘焙紙再使用。

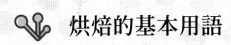

烘焙的基本用語

鹽：少許

烘焙食譜中，鹽的份量通常不以g為單位，而是以「少許」標記。因為甜點使用的鹽通常連1g都不到，因此只寫「少許」。「鹽：少許」的意思大約是用拇指和食指尖捏一撮鹽的量。

預熱烤箱

烘烤之前，預先加熱烤箱，使烤箱達到烘烤所需的溫度或是比烘烤溫度再略高一點。烘焙時，烤箱若不先預熱，放入麵團或麵糊的時候，烤箱內部溫度太低，會造成麵團或麵糊塌陷，無法膨發。因此，烘焙前，務必要記得預熱烤箱。預熱烤箱通常以烘烤所需的溫度加熱5~10分鐘即可。

冷藏鬆弛

製作司康、派皮、塔皮以及部分餅乾時，麵團需要經過鬆弛的過程。鬆弛的時候，為了避免麵團表面乾裂，要用保鮮膜或塑膠袋包好麵團，再放入冰箱冷藏鬆弛，鬆弛時間最少需要30分鐘，若時間充裕，盡可能冷藏1小時讓麵團充分鬆弛。司康、派皮等麵團經過冰箱冷藏鬆弛，可以使麵團中的材料更緊密融合，方便後續操作、推揉，也能降低烘烤時麵團收縮、變形的發生率。

隔水加熱融化

食譜中，若需要融化巧克力或奶油，務必以隔水加熱的方式融化。因為這些食材若以直火加熱，很容易燒焦。隔水加熱融化時，先煮一鍋熱水，食材放入調理盆中，再將調理盆放置在熱水上方，透過調理盆導熱，使食材慢慢融化。隔水加熱時，調理盆選用傳導性較強的不鏽鋼調理盆為佳。

煮奶油（焦化奶油）

固態的奶油液態化有兩種方法，一種是隔水加熱融化，另一種就是直接加熱煮。隔水加熱的方式只需將奶油融化至液體狀即可，而直接加熱煮則是以直火加熱，將奶油煮至融化後，再繼續加熱，使奶油中的水分蒸發，並分離出雜質，變成焦褐色的液態奶油，稱為焦化奶油。焦化過的奶油會散發出淡淡的榛果香氣，用來製作費南雪可以使成品的風味更香醇、濃郁。煮好的焦化奶油會產生一些雜質，務必要用細密的網篩先過濾掉雜質，再使用。

烘焙的基本工具

網篩

用於過篩或過濾食材。烘焙前最重要的事前準備之一,就是將麵粉、杏仁粉、小蘇打粉、泡打粉等粉類食材過篩,讓粉類顆粒都能充分與空氣接觸。特別是泡打粉和小蘇打粉等膨脹劑,測量好所需份量後,務必要和麵粉一起過篩,才能均勻散布在麵粉中。過篩也可過濾掉粉類食材中的結塊或異物。

打蛋器與電動攪拌器

電動攪拌器是打發鮮奶油或蛋白霜的便利工具,比起使用打蛋器直接攪打,更省時、省力,用來攪打奶油、砂糖、雞蛋也能迅速乳化、融合。打蛋器也是經常使用的必要攪拌工具,攪拌不同食材時,若只有一支打蛋器,必須不斷清洗、擦乾才能使用,因此可以選購1~2支以上的打蛋器,烘焙過程會更加流暢。

料理秤

「烘焙是一門科學」這句話一點都不假。各種食材的份量必須準確測量好,才有可能做出不失敗的烘焙成品,因此料理秤可以説是烘焙中最重要的工具了。家庭使用的料理秤建議選用最小計量為1g的電子秤為佳。

量杯與量匙

料理秤雖然是測量烘焙食材最重要也最常用的工具,但是要測量小份量或是液體類的食材,有時使用量匙或量杯測量會更便利。

調理盆

攪拌食材時必用工具。調理盆的材質建議選用不鏽鋼或耐熱玻璃,這兩種材質具有傳導性強且可以加熱的優點。口徑寬且大的調理盆,方便打發或充分攪拌食材,尺寸較小的調理盆則可以用來攪拌份量較少的食材。建議同時準備大小不同尺寸的調理盆,更能靈活運用。

購買烘焙基本工具及食材網站:Ehomebakery http://www.ehomebakery.com

刮板

製作派皮、塔皮、司康,需要使用刮板,以剁切的方式將奶油和麵粉拌勻,避免手的溫度使奶油融化。建議選購其中一邊是有弧度的刮板,方便刮拌調理盆中的食材。

冷卻架

用於放置剛出爐的烘焙成品,使其降溫。烤好的餅乾和蛋糕從烤箱中取出之後,不能繼續裝在烤盤或烤模中,要盡速脫模並放置在冷卻架使其充分冷卻。若繼續放在烤模中,烤模的餘熱會使蛋糕中的水蒸氣在裡面凝結成水,使蛋糕變得潮濕、變形。因此務必要先脫模,再放置在冷卻網上,使其均勻散熱。

烤盤墊、不沾烤盤布、烘焙紙

鋪在烤盤上或烤模內,防止餅乾或蛋糕沾黏。烤盤墊是以耐熱的矽膠材質製成,不宜裁剪,直接鋪在烤盤內使用即可,洗滌方便,可以長期重複使用。不沾烤盤布表面有玻璃纖維塗層,同時具有紙張的柔軟性,以及不沾的效果,可以裁剪成烤盤或烤模的形狀,洗滌乾淨,充分晾乾再收納,可以重複使用數次。烘焙紙是只能使用一次的免洗烘焙用紙,可以裁剪成烤盤或烤模的形狀,或是當作烘焙成品的包裝用紙。

刮刀

用於攪拌食材或是將調理盆內的材料刮乾淨。一般攪拌食材時,使用橡膠刮刀即可。熬煮果醬、卡士達醬、焦糖醬就必須使用木製刮刀或耐熱的矽膠刮刀。可以依據不同用途選購幾隻不同材質的刮刀,方便使用。

食物調理機

打碎食材以及簡易攪拌的好幫手。製作餅乾、派皮、塔皮時,若使用食物調理機搭配攪拌用配件,可以變得很輕鬆。

其他工具

擀麵棍:派皮、塔皮、餅乾麵團擀平時使用。
抹刀:塗抹餡料,或是裝飾蛋糕時抹平的工具。
刷子:塗刷糖液或鏡面果膠時使用。
塑膠擠花袋與各式花嘴:擠內餡或麵糊時使用的工具,擠花袋有帆布、矽膠等材質可以重複使用,但是拋棄式的塑膠擠花袋更適合小份量的家庭烘焙使用,也省去清洗的麻煩。花嘴只需要購買幾個常用的形狀就可以了。

烘焙的基本食材

奶油

烘焙的基本食材。烘焙食譜中使用的奶油基本上都是不加鹽的無鹽奶油。奶油又稱牛油，是將牛奶油和水分離後的乳脂肪，具有淡雅、自然的奶油香氣。烘焙時通常不使用乳瑪琳、瑪琪琳等具有濃郁人工香料味的人造奶油。

雞蛋

烘焙用的雞蛋盡可能使用新鮮雞蛋。一般烘焙食譜中的「雞蛋1顆」，其份量是指去掉蛋殼後，蛋液重量大約52～54g的雞蛋。

麵粉

麵粉是烘焙時不可或缺的食材。依照麩質的含量多寡，大致可分為高筋麵粉、中筋麵粉、低筋麵粉三種，製作蛋糕、甜點類主要使用的是麩質含量最少的低筋麵粉，僅有少數會使用到高筋或中筋麵粉。高筋麵粉則主要用於製作麵包。

糖

糖和麵粉一樣都是烘焙糕點不可或缺的食材，會影響到烘焙成品的大小與顏色。一般烘焙使用的糖為白色細砂糖。想要成品顏色深一點，蔗糖香味更濃郁，可以使用未精製過的黃砂糖。想要口感柔順，可以使用添加食用澱粉的糖粉。依照食譜做出成品之後，若覺得太甜，想要減少糖的份量，不要直接就將糖的份量減半，這麼做很可能會烘烤失敗，做不出完成品，將糖的份量減少10%試試看吧！

膨脹劑

蛋糕、甜點類常用的膨脹劑為泡打粉和小蘇打粉。泡打粉或小蘇打粉的份量測量好之後，務必要和粉類食材一起過篩，再加入麵糊或麵團中攪拌。泡打粉或小蘇打粉若不和粉類食材一起過篩，直接放入麵糊或麵團中攪拌，泡打粉或小蘇打粉很難散布均勻，而吃到沒拌勻的膨脹劑會有苦味。

香草

烘焙時，若要去除腥味，或是想要成品帶有香草香氣，最天然的方式就是使用香草莢。香草莢的使用方式是剖開香草莢，刮出莢內的香草籽使用。沒有香草莢時，也可以用香草醬或香草精替代。

鮮奶油與馬斯卡彭乳酪

選購鮮奶油時，因為植物性鮮奶油的口感較差，烘焙時建議使用乳脂肪含量高的動物性鮮奶油。

馬斯卡彭乳酪最常用來製作提拉米蘇，具有濃郁的奶香味，也經常和鮮奶油一起拌勻成為奶香味十足的乳酪餡，當做蛋糕捲的內餡，或是用來裝飾蛋糕。要注意的是，馬斯卡彭乳酪的有效期限較短，開封後務必盡快使用完畢。

堅果類與果乾類

烘焙中最常使用的堅果類是杏仁和核桃。堅果類放置在常溫太久，容易出油並產生油耗味，務必密封好並放入冰箱冷凍保存。使用前，用平底鍋乾炒或放入烤箱烘烤一下，可以提升堅果的香氣。

果乾類最常使用的是葡萄乾和蔓越莓乾。果乾若是柔軟、濕潤，可以直接用來製作甜點；口感偏硬的話，可以用熱水浸泡3~5分鐘，或是以蘭姆酒浸泡後再使用。

巧克力

製作手工巧克力、巧克力麵糊或麵團、巧克力內餡時，使用的是調溫巧克力，而不使用披覆用的免調溫巧克力。市售的調溫巧克力有片狀和鈕釦狀兩種形狀，家庭烘焙時，建議使用鈕扣狀的調溫巧克力，不僅容易融化，也方便秤重，免去將整片巧克力敲碎的麻煩。

巧克力的口味大致分為白巧克力、牛奶巧克力、黑巧克力三種，其中黑巧克力又依據可可含量多寡，有不同的甜度可供選擇。

食用色素

近幾年流行色彩繽紛的馬卡龍和彩虹蛋糕，大多需要添加食用色素，建議選用惠爾通（Wilton）食用色膏，較容易操控份量及顏色。調色時，若非特殊情況，色素的用量通常不到1g，極少量就能調出漂亮的顏色。

烘焙的基本烤模

圓形烤模

常見的圓形烤模有直徑15cm（6吋）、直徑18cm（7吋）、直徑21cm（8吋）。家庭烘焙常用的尺寸為直徑15cm（6吋）和直徑18cm（7吋）的圓形烤模，這兩種尺寸的成品不論是送禮或是自用都很合適。雖然目前大部分烤模都有不沾塗層，還是建議烤模內要鋪烘焙紙，蛋糕脫模時可更輕鬆取出成品。

磅蛋糕烤模

用來烤磅蛋糕的矩形烤模。選用導熱性較高的烤模，可以使磅蛋糕膨發出來的形狀更完美。磅蛋糕烤模除了常見的尺寸，還有扁平形狀或是尺寸較小的特殊尺寸磅蛋糕烤模可供選擇。

杯型烤模

杯型烤模內的單杯口徑大約是7cm左右，可以用來製作瑪芬、杯子蛋糕。家庭用的烤箱通常不大，因此常用的杯型烤模為6連杯的杯型烤模，若家裡的烤箱夠大，也可以選購12連杯的杯型烤模。使用杯型烤模時，直接選購市售的耐熱烘烤紙杯鋪入烤模內，就能倒入麵糊並烘烤了，省去塗抹奶油或剪裁烘焙紙的麻煩，也更容易清洗。杯型烤模除了常見的尺寸，也有口徑較小的杯型烤模可供選擇。

派盤與塔模

建議選購高度較矮，而且有活動式底盤和不沾塗層的派盤或塔模。製作派皮或塔皮時，烤模不能鋪烘焙紙，為了壓出烤模的形狀，麵團必須直接緊貼在烤模上，因此必須使用具有不沾塗層和活動式底盤的烤模，以利後續脫模。送禮用的派或塔通常會選用直徑20cm的尺寸。若想要製作小巧可愛的水果塔，則可以選用直徑13cm的小尺寸派盤。

瑪德蓮烤模

烤好的瑪德蓮表面會隆起一個小丘般的形狀，稱為「瑪德蓮的肚臍」，想要瑪德蓮的肚臍完美膨起，除了準確的麵糊調配及製作流程以外，最重要的就是使用導熱性好的瑪德蓮烤模，烤出來的瑪德蓮才會正確膨發，顏色也更漂亮。瑪德蓮麵糊倒入烤模時，不用倒太多，因此可以準備2~3個6連或8連的瑪德蓮烤模，分層一起烘烤會更快速。

咕咕洛夫烤模與造型烤模

咕咕洛夫烤模或其他造型烤模通常用來烘烤奶油含量較高的磅蛋糕。想要親手烘焙蛋糕當作聖誕節禮物，很適合使用這些造型別緻的烤模。若烤模沒有不沾塗層，預先用刷子將奶油均勻塗抹在烤模內層後，放入冰箱冷藏，要倒入麵糊之前，再取出烤模，在烤模內撒滿麵粉後，倒掉多餘麵粉，再倒入麵糊，這樣子烤好的成品就能很輕鬆地脫模了。

戚風蛋糕烤模

戚風蛋糕因為其麵糊的特性，本來就是很容易塌陷的蛋糕，因此必須使用專用的戚風蛋糕烤模烘烤。戚風蛋糕烤模的中心有一個長的中空管，可以使蛋糕均勻受熱，烤好並倒立冷卻時，也能使蛋糕均勻散熱。戚風蛋糕的烤模要使用沒有不沾塗層的鋁合金材質，烤好並倒立冷卻時才不會掉下來。戚風蛋糕脫模時，使用扁平的長抹刀或刀子插入蛋糕和烤模之間的縫隙，再沿著烤模邊緣刮一圈，就取出蛋糕了。

餅乾壓模

選購餅乾壓模時，建議購買幾個常用且基本的圓形壓模，除了用來製作餅乾，還可以製作水果塔的塔皮、司康等，用途廣泛。造型餅乾壓模則可以依據個人喜好選擇不同造型，製作各式各樣可愛的餅乾。

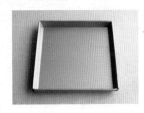

蛋糕捲烤盤

專門用來烘烤蛋糕捲基底的烤盤。蛋糕捲烤盤為正方形，烤出來的蛋糕基底大小很方便捲成圓柱狀，做出來的蛋糕捲無論是長度或厚度都剛剛好。選購蛋糕捲烤盤時，要選擇厚一點的材質，烤出來的蛋糕基底部才會濕潤且柔軟。若沒有正方形的專用蛋糕捲烤盤，可以選擇與家用烤箱差不多大小的烤盤替代。

耐熱矽膠烤模

以耐熱的矽膠製成，與一般鐵或不鏽鋼材質的烤模相比，矽膠烤模的造型和花樣更豐富。耐熱矽膠烤模可以烘烤蛋糕，還可以當作造型手工巧克力或是慕斯蛋糕的模型。

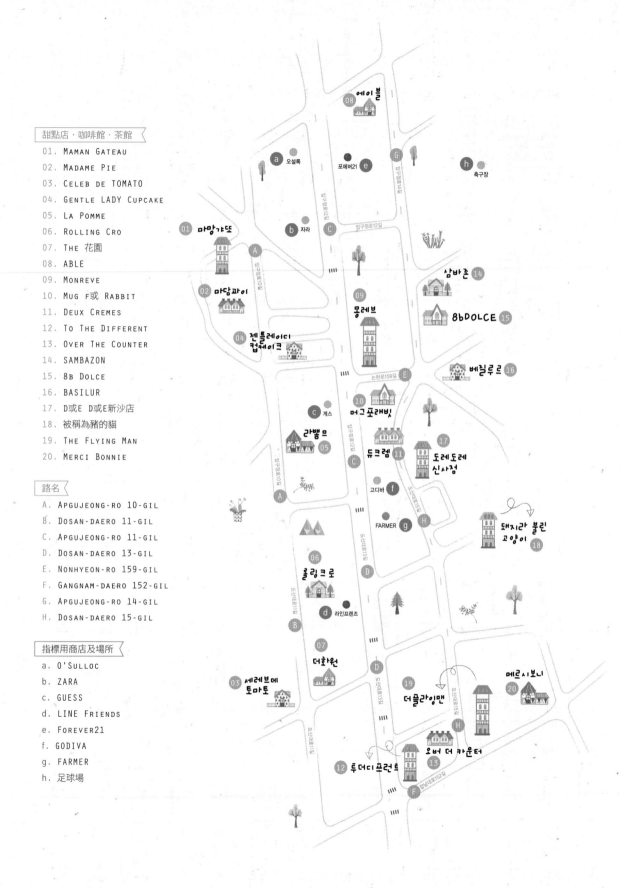

甜點店・咖啡館・茶館
01. Maman Gateau
02. Madame Pie
03. Celeb de TOMATO
04. Gentle LADY Cupcake
05. La Pomme
06. Rolling Cro
07. The 花園
08. ABLE
09. Monreve
10. Mug f或 Rabbit
11. Deux Cremes
12. To The Different
13. Over The Counter
14. SAMBAZON
15. 8B Dolce
16. BASILUR
17. D或E D或E新沙店
18. 被稱為豬的貓
19. The Flying Man
20. Merci Bonnie

路名
A. Apgujeong-ro 10-gil
B. Dosan-daero 11-gil
C. Apgujeong-ro 11-gil
D. Dosan-daero 13-gil
E. Nonhyeon-ro 159-gil
F. Gangnam-daero 152-gil
G. Apgujeong-ro 14-gil
H. Dosan-daero 15-gil

指標用商店及場所
a. O'Sulloc
b. ZARA
c. GUESS
d. LINE Friends
e. Forever21
f. GODIVA
g. FARMER
h. 足球場

PART ① 林蔭道

位於首爾新沙洞的林蔭道在1990年代是以繪圖公司和畫廊聞名的藝術街道。近幾年來，愈來愈多特色咖啡館、品牌服飾、 飾小店進駐，成為首爾江南最熱鬧的區域，又叫「江南的明洞」，是愛美嗜吃的年輕人逛街聚會的新興據點。

1-1	脆皮泡芙
1-2	青葡萄塔
1-3	摩卡巧克力罐子蛋糕
1-4	巧克力樹幹蛋糕
1-5	藍莓乳酪塔
1-6	聖誕樹餅乾
1-7	不列塔尼酥餅，三種口味
1-8	彩虹蛋糕
1-9	草莓罐子蛋糕
1-10	南瓜派
1-11	抹茶（綠茶）白巧克力蛋糕
1-12	生乳蛋糕捲（堂島蛋糕捲）
1-13	抹茶（綠茶）磅蛋糕
1-14	番茄提拉米蘇

脆皮泡芙

泡芙內餡含有卡士達醬，容易酸敗，若是放冷藏只能保存1天，
想要保存更久的時間，務必放在冰箱冷凍室。
卡士達醬本身易孳生細菌，不好長久保存，
做好的泡芙即使存放在冰箱，也請盡速食用完畢。

材料

份量〈 直徑4.5cm，約10個

食材〈

◆ 內餡（輕卡士達醬）：牛奶250g、蛋黃40g、白砂糖60g、玉米粉20g、香草莢
½根；拌入卡士達醬的動物性鮮奶油150g、白砂糖10g、香草籽少許

◆ 泡芙麵糊：水50g、牛奶50g、奶油40g、鹽1.5g、白砂糖1.5g、低筋麵粉
50g、全蛋85g

◆ 脆皮麵團：奶油50g、白砂糖25g、黃砂糖25g、鹽少許、低筋麵粉65g、香草
籽少許、手粉（高筋麵粉或低筋麵粉）少許

◆ 裝飾用：糖粉少許

工具〈

◆ 電動攪拌器 ◆ 打蛋器 ◆ 調理盆 ◆ 網篩 ◆ 耐熱刮刀 ◆ 鍋子 ◆ 不鏽鋼托盤
◆ 烤盤布或保鮮膜 ◆ 烤盤 ◆ 塑膠擠花袋 ◆ 口徑1cm圓形花嘴（擠泡芙麵糊用）
◆ 小口徑圓形花嘴（注入內餡用） ◆ 圓型餅乾壓模

作法

1　**製作脆皮麵團。**常溫軟化的奶油放入調理盆中，用刮刀拌開，倒入白砂糖、黃砂糖、鹽
拌勻。取一小段香草莢，刮出香草籽，加入奶油中一起拌勻。篩入低筋麵粉，用刮刀翻
拌均勻。

2　攪拌至沒有殘餘麵粉，成為麵團之後，用保鮮膜或塑膠袋包裹好，用手稍微壓平，放入
冰箱冷藏鬆弛1小時。

3　取出鬆弛好的脆皮麵團。工作檯鋪上烤盤布或保鮮膜，擀平脆皮麵團。擀脆皮麵團時，可能會有點沾黏，擀之前，檯面和麵團上可以撒一些手粉。麵團擀開成厚1.5～2mm的平面，使用直徑5cm的圓形餅乾壓模壓成小圓片，放入冰箱冷藏備用。

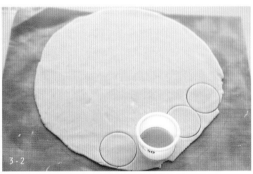

POINT：請撒上一些手粉，避免沾黏。

4　**製作泡芙麵糊。**水、牛奶、奶油、鹽、砂糖倒入鍋中，以中火或大火加熱，直到奶油完全融化，並且完全沸騰、冒泡。這個步驟若沒有充分煮至沸騰，烘烤時，泡芙會膨脹不起來。

5　關火，篩入低筋麵粉。

6　趁熱用耐熱刮刀攪拌至沒有殘餘麵粉之後，重新以中火加熱，用耐熱刮刀翻動麵團，直到鍋邊或鍋底出現霧色薄膜時，即可離火。

7　麵團放入調理盆中，用刮刀攤平，預先打散的全蛋液先倒入½拌勻，再將剩下的全蛋液以少量多次的方式加入並攪拌均勻，完成麵糊。刮起完成的麵糊要能掛在刮刀上，呈現倒三角形。

8　口徑1cm的花嘴和擠花袋組裝好，裝入泡芙麵糊。

9　烤盤上擠出數個直徑4～4.5cm且有點厚度的圓形泡芙麵糊，取出冷藏備用的脆皮麵團圓片，每個泡芙麵糊上各放一片。烤盤放入以180℃預熱好的烤箱，烤25～30分鐘。

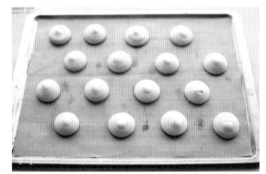
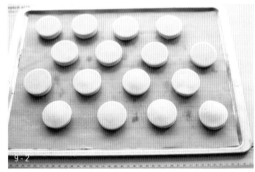

POINT：烘烤時，絕對不能打開烤箱門。

10　製作泡芙內餡。剖開香草莢，刮出香草籽。取一個鍋子，放入香草籽和牛奶，以小火加熱，鍋緣開始冒泡時，即可關火。取一個調理盆，放入蛋黃，用打蛋器打散，再放入砂糖一起攪打。

11 蛋黃打發成鵝黃色細緻泡沫後，放入玉米粉拌勻，再將加熱好的香草籽牛奶一次全部倒入蛋黃泡沫中，用打蛋器快速攪拌均勻。

12 使用網篩過濾，攪拌好的蛋奶液倒回鍋中。

13 蛋奶液以中火加熱，並用打蛋器持續攪拌，避免底部燒焦。蛋奶液變得濃稠、光滑，冒出大氣泡時，即可離火，完成初步的卡士達醬。

14 卡士達醬倒入不鏽鋼托盤中攤平，覆蓋保鮮膜並緊密貼合卡士達醬，隔絕空氣。墊一盆冰塊水或是直接放入冰箱冷藏，盡速冷卻。

15 製作拌入卡士達醬中的鮮奶油霜。使用冰涼的鮮奶油，倒入調理盆中，下方墊一盆冰塊水，保持鮮奶油的冷度，用電動攪拌器攪打，鮮奶油開始起泡時，加入砂糖，並刮出香草莢中的籽加入鮮奶油中，繼續攪打至全打發，成為不會流動且硬挺的鮮奶油霜。

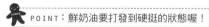 POINT：鮮奶油要打發到硬挺的狀態喔！

16 取一個調理盆，放入冷卻好的卡士達醬，用打蛋器先攪拌成滑順狀態，再加入打發好的鮮奶油霜，用刮刀翻拌均勻。若沒有先將卡士達醬攪拌滑順，與鮮奶油霜混合時，會殘留小塊狀的卡士達醬，無法拌勻。

17 卡士達醬和鮮奶油霜充分拌勻，即完成內餡——輕卡士達醬。

18 小口徑圓形花嘴和擠花袋組裝好，裝入製作好的內餡。

19 用小口徑的花嘴在脆皮泡芙底部鑽出一個注入內餡用的小洞。

20 脆皮泡芙內注入滿滿的內餡之後，放入冰箱冷藏一下，待內餡冰涼即可取出。泡芙表面撒上糖粉，完成。

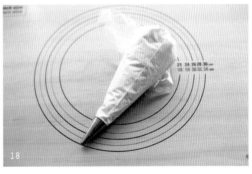

青葡萄塔

使用的是可以連皮一起吃的青葡萄，也可以替換成其他可以連皮吃的葡萄種類。
製作完成後，不要馬上吃，放入冰箱冷藏30分鐘以上，冰過之後更美味。

材料

份量〉 直徑14cm圓形菊花塔模2個，或直徑21cm圓形菊花派塔模1個

食材〉 ◆ 青葡萄1串 ◆ 鏡面果膠（或杏桃果醬）少許 ◆ 水少許

◆ 塔皮：奶油80g、糖粉40g、鹽少許、全蛋28g、低筋麵粉130g、杏仁粉
  20g、香草粉少許、蛋液少許、手粉（低筋麵粉）少許

◆ 輕卡士達醬：牛奶250g、蛋黃45g、白砂糖60g、玉米粉28g、香草莢¼根、吉
  利丁片2g、動物性鮮奶油80g

◆ 乳酪餡：馬斯卡彭乳酪100g、動物性鮮奶油100g、白砂糖12g

工具〉

◆ 調理盆 ◆ 打蛋器 ◆ 網篩 ◆ 鍋子 ◆ 耐熱刮刀 ◆ 刮板 ◆ 圓形菊花塔模
◆ 叉子 ◆ 擀麵棍 ◆ 塑膠袋（或保鮮膜） ◆ 烘焙石（可用米或豆子替代）
◆ 烘焙紙（或油紙） ◆ 烤盤 ◆ 刀 ◆ 擠花袋 ◆ 圓形花嘴 ◆ 刷子
◆ 不鏽鋼托盤 ◆ 抹刀

作法

1　**製作塔皮。**低筋麵粉、杏仁粉、糖粉、鹽、香草粉一起篩入調理盆中，再將冰涼的奶油
　　切小塊後，加入調理盆中，使用刮板反覆剁切奶油，使奶油與麵粉均勻混合。

2　奶油變得細碎且均勻裹上麵粉後，用指尖快速搓捏成砂粒狀。

3　全蛋（建議使用冰涼的雞蛋）打散，倒入麵粉中央，用刮板反覆剁切，使蛋液與麵粉充分混合成鬆散的麵團。

4　麵團放到工作檯上，用手掌底端將麵團往前推揉，重複此動作3次，使麵團緊實。用刮板將麵團聚合後，放入塑膠袋中包好並稍微壓平，放入冰箱冷藏鬆弛1小時。

5　取出鬆弛好的麵團分成2等份，用擀麵棍擀開，擀開的塔皮面積要比塔模稍微大一點，厚約2mm。塔皮移到塔模上，用指腹將塔皮緊密壓入塔模的每個皺摺中。用擀麵棍在塔模上滾一圈，切斷多餘的塔皮。

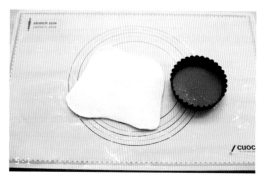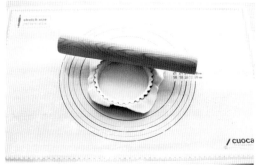

POINT：擀麵團時可能會沾黏，工作檯上要撒上手粉。

6　切斷的塔皮邊緣用手指捏壓，修飾一下。塔皮底部用叉子戳一些氣孔之後，將塔模放入冰箱冷藏一下，待塔模變冰涼後，從冰箱中取出。取一張烘焙紙，用手揉撐變軟後，覆蓋在塔皮上，再填滿烘焙石，放入以180℃預熱好的烤箱，烤20～25分鐘。塔皮烤好後，馬上從烤箱中取出，拿掉烘焙石和烘焙紙，用刷子快速將蛋液塗刷在塔皮表面。

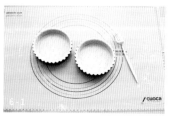

7 重新放入烤箱，再烤5～8分鐘。烤好之後，從烤箱中取出，連同塔模直接放在冷卻架上降溫，充分冷卻後，脫模。

8 輕卡士達醬材料中的吉利丁片先放入冰塊水中浸泡。

9 **製作輕卡士達醬。**取一個鍋子，放入牛奶和香草籽，加熱至鍋緣冒泡。取一個調理盆，放入蛋黃打散，再放入砂糖，用打蛋器打發成鵝黃色細緻泡沫後，放入玉米粉拌勻，將加熱好的香草籽牛奶倒入打發好的蛋黃中攪拌均勻。

10 使用網篩過濾，攪拌好的蛋奶液倒回鍋中。以中火加熱，並用打蛋器持續攪拌，蛋奶液變濃稠且冒出大氣泡時，即可離火，完成初步的卡士達醬。

11 泡軟的吉利丁片擰乾水分，放入剛煮好的卡士達醬中，用打蛋器攪拌均勻。

12 卡士達醬倒入不鏽鋼托盤中攤平，覆蓋保鮮膜並緊密貼合卡士達醬，隔絕空氣。墊一盆冰塊水或是直接放入冰箱冷藏 ，盡速冷卻。裝飾在水果塔上的青葡萄清洗乾淨並擦乾水分。（葡萄可以對半切開，也可以整顆直接使用。）

POINT：葡萄可以依照個人喜好做變化。

13 取一個調理盆，倒入冷卻好的卡士達醬，用打蛋器先攪拌成滑順狀態。取另一個調理盆，倒入冰涼的鮮奶油，下方墊一盆冰塊水，維持冷度，用電動攪拌器打發鮮奶油至7分發，開始出現紋路，變成富濃厚流質感的狀態即可。

14 打發好的鮮奶油霜分3次加入卡士達醬中拌勻。第一次加入時，用打蛋器拌勻，使卡士達醬與鮮奶油霜混合後，再將剩餘的鮮奶油霜分次加入，改用刮刀翻拌均勻，完成輕卡士達醬。

15 圓形花嘴和擠花袋組裝好，裝入拌好的輕卡士達醬，填滿塔皮底部，放入冰箱冷藏。

POINT：填入滿滿的輕卡士達醬！

16 **製作乳酪餡。**常溫軟化的馬斯卡彭乳酪放入調理盆中，用打蛋器打散後，倒入砂糖攪拌均勻。取另一個調理盆，鮮奶油以步驟13的方式打發成鮮奶油霜之後，分2次加入馬斯卡彭乳酪中，用刮刀翻拌均勻。

17 填滿輕卡士達醬的塔皮從冰箱中取出，放上乳酪餡，並用抹刀抹成圓錐狀。從邊緣將青葡萄一圈一圈往上堆疊。

18 鏡面果膠和水以1:1的比例放入鍋中，加熱至鍋緣冒泡後，用刷子薄薄塗刷一層在青葡萄表面，完成。

摩卡巧克力罐子蛋糕

若家裡有摩卡壺或義式咖啡機的話,製作咖啡糖液時,
可以使用現煮的義式濃縮咖啡替代即溶咖啡粉,香氣會更加濃郁。

材料

份量 〉罐子蛋糕236ML玻璃瓶，4個，海綿蛋糕直徑15CM，1個

食材 〉

◆ 巧克力海綿蛋糕：全蛋2個、蛋黃1個、白砂糖60G、蜂蜜10G、低筋麵粉
　60G、無糖可可粉10G、奶油20G、牛奶10G、香草精數滴

◆ 摩卡巧克力卡士達醬：牛奶130G、白砂糖30G、蛋黃25G、玉米粉10G、動物性
　鮮奶油20G、調溫黑巧克力20G、即溶咖啡粉2G

◆ 咖啡糖液：水50G、白砂糖25G、即溶咖啡粉2G

◆ 馬斯卡彭乳酪餡：冰涼的動物性鮮奶油220G、馬斯卡彭乳酪200G、白砂糖
　30G、香草籽少許

◆ 裝飾用：無糖可可粉少許

工具 〉

◆ 電動攪拌器 ◆ 調理盆 ◆ 網篩 ◆ 鍋子 ◆ 耐熱刮刀 ◆ 玻璃罐（玻璃瓶）
◆ 直徑15CM（6吋）圓形烤模 ◆ 烘焙紙（或油紙） ◆ 圓型餅乾壓模
◆ 塑膠擠花袋 ◆ 圓形花嘴 ◆ 刷子 ◆ 不鏽鋼托盤 ◆ 保鮮膜

作法

1　**製作海綿蛋糕**。材料中的奶油和牛奶一起隔水加熱，融化後備用。海綿蛋糕的麵糊是使
　用全蛋打發，因為蛋黃含有油脂，必須稍微加溫，全蛋液才容易打發成泡沫。調理盆下
　方墊一盆熱水，隔水加熱，全蛋和蛋黃放入調理盆中打散，倒入砂糖和蜂蜜一起攪拌。

1-1

1-2

2 使用電動攪拌器以高速攪打，感覺蛋液
   變得有點溫熱時，即可拿走隔水加熱用
   的熱水盆，繼續以高速攪打蛋液。蛋液
   顏色開始變淺且體積變大時，轉中速，
   將蛋液攪打成蓬鬆且細緻的泡沫，最後
   以低速攪拌使泡沫均勻一致。打發好的
   全蛋泡沫滑落時柔順且緩慢，能拉出緞
   帶般的交疊紋路。

3 篩入低筋麵粉和可可粉，用刮刀順著調理盆的弧度由底部往上，輕柔地翻拌均勻，攪拌
   至沒有殘餘麵粉時，先舀一些麵糊倒入裝有融化奶油和牛奶的容器內，混合均勻後，再
   倒回調理盆中，拌勻全部麵糊。

POINT：烤好的海綿蛋糕要馬上脫模。

4 麵糊倒入鋪好烘焙紙的圓形烤模，放入以170℃預熱好的烤箱，烤20～25分鐘。蛋糕烤
   好之後，馬上脫模，連同烘焙紙一起放置在冷卻架上降溫。蛋糕充分冷卻後，橫切成各
   1.5cm厚的蛋糕片。

5　選擇與玻璃罐直徑相同的圓形餅乾壓
　　模，將蛋糕壓成數個小圓片。本食譜是
　　用直徑6cm的圓形餅乾壓模將海綿蛋糕
　　裁切成小圓片，每個玻璃罐需要準備2
　　片蛋糕。

POINT：請先確認你的玻璃容器直徑。

6　**製作摩卡巧克力卡士達醬。**牛奶加熱至
　　鍋緣冒泡備用。取一個調理盆，放入蛋
　　黃打散後，再放入砂糖和玉米粉，用打
　　蛋器打發，倒入加熱好的牛奶，用打蛋
　　器快速攪拌均勻。（雖然食材中沒有香
　　草莢，但是加熱牛奶時，若放入少許香
　　草籽一起煮，可以去除腥味，增添香
　　氣。）

7　牛奶全部拌入蛋黃中之後，使用網篩過
　　濾，將攪拌好的蛋奶液倒回鍋中。

8　蛋奶液以中火加熱，並用打蛋器持續攪拌，避免底部燒焦。蛋奶液變濃稠且冒出大氣泡時，關火。煮好的卡士達醬倒入不鏽鋼托盤中攤平，覆蓋保鮮膜並緊密貼合卡士達醬，隔絕空氣。墊一盆冰塊水或是直接放入冰箱冷藏，盡速冷卻。

9　取一個調理盆，倒入充分冷卻好的卡士達醬，用打蛋器打散成滑順狀態。鮮奶油、黑巧克力、即溶咖啡粉一起隔水加熱融化後，倒入卡士達醬中拌勻，完成摩卡巧克力卡士達醬。

10　**製作馬斯卡彭乳酪餡。** 取一個調理盆，放入常溫軟化的馬斯卡彭乳酪，用打蛋器打散後，放入砂糖及香草籽拌勻，倒入少許鮮奶油攪拌均勻之後，下方墊一盆冰塊水，維持冷度，將剩餘的鮮奶油倒入乳酪餡中，以電動攪拌器攪打至全打發，呈不會流動的硬挺狀態，完成乳酪餡。

11 組裝兩個圓形花嘴和擠花袋，分別裝入完成的乳酪餡和摩卡巧克力卡士達醬。咖啡糖液的所有材料放入鍋中加熱融化後，放涼再使用。玻璃罐內各鋪入一片蛋糕片並刷上咖啡糖液。

12 蛋糕片上面擠一層淺淺的摩卡巧克力卡士達醬之後，擠一層厚厚的馬斯卡彭乳酪餡。再鋪入一片蛋糕片並刷上咖啡糖液，依序擠入摩卡巧克力卡士達醬和乳酪餡。

13 用抹刀抹平表面的乳酪餡，放入冰箱冷藏30分鐘。食用或是包裝之前，再用網篩在表面撒滿無糖可可粉當作裝飾，完成。

巧克力樹幹蛋糕

脆皮蛋糕鋪入半月形慕斯模之前，
慕斯模內務必要先鋪一層烘焙紙或烤盤布，方便之後將蛋糕脫模取出。

材料

份量〈 半圓形長條慕斯模（直徑8CM✕長21CM）或淺烤盤（28CM✕32CM）

食材〈

◆ 巧克力脆皮蛋糕：蛋黃3個、白砂糖（打發蛋黃用）25G、蛋白3個、白砂糖（打發蛋白用）60G、低筋麵粉78G、無糖可可粉12G、糖粉少許、可可豆碎粒（磨碎的可可豆）少許

◆ 巧克力慕斯：動物性鮮奶油100G、香草籽 少許、蛋黃25G、白砂糖12G、調溫牛奶巧克力100G、調溫黑巧克力50G、冰涼的動物性鮮奶油（打發鮮奶油霜用）200G、吉利丁片2G

工具〈

◆ 調理盆 ◆ 電動攪拌器 ◆ 打蛋器 ◆ 網篩 ◆ 鍋子 ◆ 耐熱刮刀
◆ 圓形花嘴（口徑8～10MM） ◆ 擠花袋 ◆ 半圓形長條慕斯模 ◆ 烘焙紙 ◆ 烤盤

作法

1　**製作巧克力脆皮蛋糕。**調理盆中放入蛋黃和白砂糖，用電動攪拌器打發成鵝黃色的細緻泡沫。

2　取另一個調理盆，放入蛋白，用電動攪拌器打出大氣泡後，持續攪拌並將砂糖分3次加入，打發成挺立的乾性發泡蛋白霜。

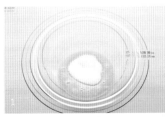

POINT：蛋白霜打發到能拉出尖角且不垂落。

3　打發好的蛋白霜分3次
　　拌入蛋黃糊中，使用刮
　　刀輕柔地拌勻後，篩入
　　低筋麵粉和可可粉，用
　　刮刀順著調理盆的弧度
　　由底部往上，輕柔地翻
　　拌均勻。

4　口徑8mm的圓形花嘴和擠花袋組裝好，裝入拌好的麵糊。取兩個烤盤預先鋪好烘焙
　　紙。在其中一個烤盤中，擠滿並排的條狀麵糊，麵糊的面積要足夠包覆住慕斯模。擠好
　　之後，撒上少許可可豆碎粒。另一個烤盤上，擠出硬幣大小的圓餅狀，製作裝飾用的小
　　圓片。麵糊擠好之後，所有麵糊表面都均勻撒上糖粉，放入以180℃預熱好的烤箱，烤
　　10～13分鐘。

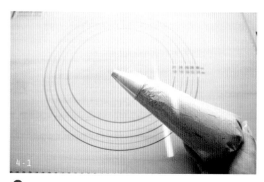

POINT：也可以使用口徑10mm的花嘴。

5　脆皮蛋糕烤好後，脫模並靜置冷卻。等待蛋糕冷卻的時候，就可以開始製作慕斯。
　　吉利丁片先以冰水浸泡5分鐘以上充分泡軟。兩種巧克力一起隔水加熱融化。

6　製作慕斯的基礎：英式蛋奶醬（anglaise）。香草莢剖開刮出香草籽，與鮮奶油100g一起放入鍋中，以中火加熱，煮至鍋緣開始冒泡，關火。取一個調理盆，放入蛋黃打散後，倒入砂糖，打發成鵝黃色細緻泡沫，倒入加熱好的鮮奶油，快速攪打均勻。蛋奶液重新倒回鍋中，以中小火加熱。

7　蛋奶液加熱時，用耐熱刮刀以畫8字形的方式緩慢且持續地攪拌，變得有些濃稠且溫度達到83～84℃即可關火，完成英式蛋奶醬。若沒有溫度計，用刮刀舀起蛋奶醬再用另一把刮刀刮出一條痕跡，若痕跡清楚且維持不變，就表示達到所需的濃稠度。關火，放入泡軟的吉利丁片拌勻。

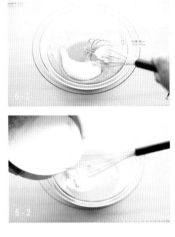

POINT：放入泡軟的吉利丁片前一定要先擰乾水分。

8　蛋奶醬變化成巧克力慕斯。使用網篩過濾煮好的蛋奶醬，倒入調理盆中，加入融化好的巧克力拌勻。攪拌好之後，調理盆下方墊一盆冷水或冰塊水，加速降溫。

9 打發鮮奶油。冰涼的鮮奶油倒入調理盆中，下方墊一盆冰塊水，維持冷度，使用打蛋器或電動攪拌器攪打鮮奶油至7分發，開始出現紋路，變成具有濃厚流質感的鮮奶油霜即可。

POINT：不需要打發成硬挺的狀態。

10 鮮奶油霜分3次拌入降溫好的巧克力蛋奶醬中，以刮刀翻拌均勻，完成巧克力慕斯。

11 先依照慕斯模圓弧面裁切出一片一樣大的巧克力脆皮蛋糕，再裁切一片與慕斯模口徑一樣大的巧克力脆皮蛋糕。慕斯模內鋪上烘焙紙，再鋪入圓弧面的巧克力脆皮蛋糕，倒入巧克力慕斯。

POINT：倒入慕斯時，不要倒滿，因為最後還要蓋上巧克力脆皮蛋糕封底。

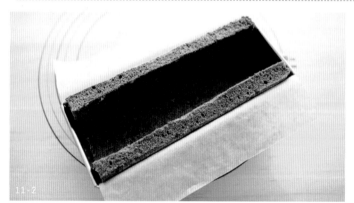

12 再修飾一下封底用的巧克力脆皮蛋糕，使其密合並蓋住慕斯表面，用手將蛋糕稍微壓緊實後，放入冰箱冷藏30分鐘以上，使慕斯凝固。慕斯冷卻凝固之後，將蛋糕脫模，翻轉成圓弧面朝上，烘烤好的裝飾用小圓片用剩餘的慕斯當黏著劑，貼在脆皮蛋糕表面作為裝飾，最後撒上糖粉，完成。

藍莓乳酪塔

炎熱的夏天或是需要將乳酪塔攜帶到比較遠的地方時，
可以將吉利丁片1g泡軟並隔水加熱融化之後，
加入乳酪餡之中，製作成凍狀的乳酪餡。

材料

份量〈 直徑10cmX高3cm或直徑13cmX高2cm圓形菊花塔模，2個

食材〈 ◆藍莓果醬適量 ◆手粉（低筋麵粉）少許 ◆新鮮藍莓每個塔約70g

◆塔皮：低筋麵粉90g、奶油45g、鹽1～1.5g、糖粉10g、香草粉少許、全蛋20g、
蛋液少許

◆乳酪餡：奶油乳酪120g、白砂糖15g、柑橘或櫻桃香甜酒約2～3g（可省略）、
動物性鮮奶油130g、檸檬汁2茶匙

工具〈

◆調理盆 ◆打蛋器 ◆網篩 ◆鍋子 ◆耐熱刮刀 ◆刮板 ◆圓形菊花塔模 ◆叉子
◆擀麵棍 ◆塑膠袋 ◆烘焙石（可用米或豆子替代） ◆烘焙紙或油紙 ◆烤盤

作法

1　**製作塔皮。**低筋麵粉、糖粉、鹽、香草粉一起篩入調理盆中，再將冰涼的奶油切小塊
後，加入調理盆中，用刮板反覆剁切奶油，使奶油與麵粉均勻混合。奶油變得細碎且均
勻裹上麵粉後，用指尖快速搓捏成砂粒狀。

1-1

1-2

2　全蛋打散，倒入麵粉中央，用刮板反覆剁切，使蛋液與麵粉充分混合成鬆散的麵團。

3　麵團放到工作檯上，用手掌底端將麵團往前推揉，重複此動作3次，使麵團緊實。用刮板將麵團聚合後，放入塑膠袋中包好並稍微壓平，放入冰箱冷藏鬆弛1小時。

POINT：這裡使用冰涼的雞蛋更好。

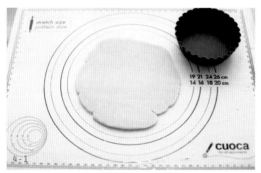

4　取出鬆弛好的麵團分成2等份，用擀麵棍擀開，擀開的塔皮面積要比塔模稍微大一點，厚約2mm。塔皮移到塔模上，用指腹將塔皮緊密壓入塔模的每個皺摺中。

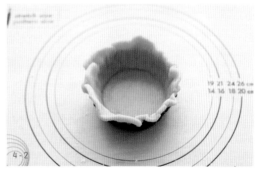

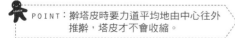
POINT：擀塔皮時要力道平均地由中心往外推擀，塔皮才不會收縮。

POINT：擀麵團時可能會沾黏，工作檯上要撒上手粉。

5 用擀麵棍在塔模上滾一圈，切斷多餘塔皮。切斷的塔皮邊緣用手指捏壓，修飾一下。塔皮底部用叉子戳一些氣孔。

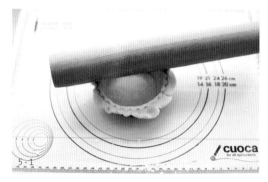

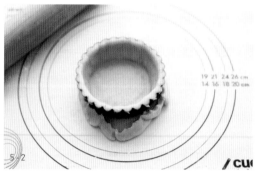

POINT：鋪好塔皮的塔模放入冰箱冷藏一下。

6 塔模變冰涼後，從冰箱中取出，取一張烘焙紙，用手揉擰變軟後，覆蓋在塔皮上，再填滿烘焙石，放入以180℃預熱好的烤箱，烤20～25分鐘。

7 塔皮烤好後，馬上從烤箱中取出，拿掉烘焙石和烘焙紙，用刷子快速地將蛋液塗刷在塔皮表面。重新放入烤箱中，再烤5～8分鐘。烤好之後，從烤箱中取出，連同塔模直接放在冷卻架上降溫，充分冷卻後，脫模。

8　等待塔皮冷卻的時候，**製作乳酪餡**。奶油乳酪要先放在常溫中軟化後再使用。調理盆中
　放入軟化的奶油乳酪，用刮刀拌開之後，放入砂糖攪拌均勻。調理盆下方墊一盆冰塊
　水，維持冷度之後，倒入鮮奶油攪打。

POINT：鮮奶油一定要是冰涼的狀態。若有香甜
酒，在這個時候加入一起攪拌。

9　用電動攪拌器快速攪打乳酪餡，並將檸
　檬汁以少量多次的方式加入，攪打至全
　打發，呈硬挺且不會流動的狀態，完成
　乳酪餡。

10　冷卻好的塔皮內，先鋪一層厚厚的藍莓
　果醬，再填滿打發好的乳酪餡。放入冰
　箱冷藏30分鐘。

11　乳酪餡冰透了之後，取出乳酪塔，鋪滿
　新鮮的藍莓，上桌享用。

聖誕樹餅乾

製作聖誕樹餅乾的重點是餅乾的顏色不能烤得過深。

餅乾的顏色是利用抹茶和可可的自然色，烘烤時要一直留意餅乾顏色的變化。

拋棄式的塑膠擠花袋厚度較薄，可能在擠麵糊時破掉，

可以將兩個擠花袋套在一起再使用。

材料

份量 以聖誕樹餅乾的抹茶部位為基準，長度9～10CM，約10個

食材

◆ 抹茶麵糊：常溫軟化奶油100G、糖粉60G、蛋白20G、低筋麵粉120G、抹茶粉6G
◆ 巧克力麵糊：常溫軟化奶油100G、糖粉60G、蛋白20G、低筋麵粉120G、無糖可可粉9G
◆ 裝飾用：白色食用糖珠（或食用彩糖）適量、蔓越莓乾或蜜漬橘皮適量

工具

◆ 調理盆 ◆ 電動攪拌器 ◆ 橡皮刮刀 ◆ 星形花嘴 ◆ 擠花袋 ◆ 烤盤

作法

1　常溫軟化的奶油放入調理盆中，使用電動攪拌器將奶油稍微打散後，加入糖粉，攪打到奶油顏色泛白之後，加入蛋白，繼續攪打到蛋白完全融入奶油中。

2　篩入低筋麵粉、抹茶粉，用刮刀翻拌均勻，完成抹茶麵糊。星形花嘴和擠花袋組裝好，裝入抹茶麵糊。

3　製作樹幹部位的巧克力麵糊。與製作抹茶麵糊的步驟相同，最後篩入低筋麵粉、可可粉並翻拌均勻，完成巧克力麵糊。星形花嘴和擠花袋組裝好，裝入巧克力麵糊。

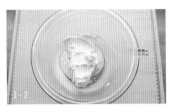

4　先用抹茶麵糊以畫「之」字方式在烤盤上擠出三角形，成為聖誕樹的上半部。用巧克力麵糊在三角形抹茶麵糊下方擠一點點，當作聖誕樹的樹幹。若有剩下的麵糊可以擠圓圈、U形等，製作成檞寄生或不同造型的餅乾。食用糖珠或彩糖裝飾在擠好的麵糊表面，也可以使用蔓越莓乾、蜜漬橘皮、堅果類。裝飾在麵糊表面的材料稍微壓一下，使其固定不會脫落。放入以170℃預熱好的烤箱，烤15分鐘，完成。

不列塔尼酥餅，三種口味

希望不列塔尼酥餅再稍微鹹一點，可以在放入烤箱前，在麵團表面再撒一點鹽之花。
就能品嘗到甜中帶鹹、不會很甜膩的不列塔尼酥餅。
撒在表面用的鹽可用法國產的鹽之花，沒有的話則可使用鹹度低的鹽花替代，
但絕對不要用一般精鹽。

材料

份量〈 直徑6CM圓形鋁箔巧克力模10個，製作三種口味的話，共30個

食材〈

◆ 原味麵團：奶油100G、糖粉60G、日本天日鹽（或法國鹽之花）1G、蛋黃
　20G、香草籽（或香草粉）少許、深色蘭姆酒5G、低筋麵粉100G、杏仁粉
　20G、泡打粉1G、手粉（低筋麵粉）少許、蛋黃少許

◆ 巧克力麵團：與原味麵團的材料相同，其中的低筋麵粉改為低筋麵粉90G、無糖
　可可粉10G

◆ 抹茶（綠茶）麵團：與原味麵團的材料相同，其中的低筋麵粉改為低筋麵粉
　92G、抹茶粉（或綠茶粉）8G

工具〈

◆ 調理盆 ◆ 打蛋器或電動攪拌器 ◆ 橡皮刮刀 ◆ 烤盤布或烘焙紙 ◆ 擀麵棍
◆ 金色或銀色圓形鋁箔巧克力模 ◆ 圓形餅乾壓模 ◆ 叉子 ◆ 烤盤

作法

1　**製作原味不列塔尼酥餅麵團。**調理盆中放入常溫軟化奶油，用刮刀稍微拌開，倒入糖粉
　和鹽，用打蛋或電動攪拌器攪打到奶油顏色泛白之後，加入蛋白一起攪打。

2　蛋白完全被吸收之後，加入香草籽或香草粉、蘭姆酒拌勻。篩入低筋麵粉、泡打粉、杏
　　仁粉，用刮刀翻拌均勻。

3　攪拌至沒有殘餘麵粉時，取一張大的烤盤布或烘焙紙，放上麵團，用手壓整成圓餅狀。
　　這個階段麵團可能會有點沾黏，可以在手上或麵團表面撒一些手粉，操作時會更加順
　　手。

4　麵團壓平後，烤盤布對摺並蓋在麵團上方，輕輕按壓使烤盤布和麵團貼合。麵團連同烤
　　盤布一起放入冰箱冷藏鬆弛30分鐘～1小時。拌好的麵團直接推擀的話，容易沾黏不好
　　操作，烤出來的餅乾也容易收縮變形，所以必須要冷藏鬆弛。

5　製作巧克力麵團。前面步驟與原味麵團相同，加入粉類食材時，改成篩入低筋麵粉、可
　　可粉、泡打粉、杏仁粉，用刮刀翻拌均勻。取一張大的烤盤布或烘焙紙對折，放入麵
　　團，用手稍微壓平之後，連同烤盤布一起放入冰箱冷藏鬆弛。

6　製作抹茶麵團。前面步驟與原味麵團相同，加入粉類食材時，改成篩入低筋麵粉、抹茶
　　粉、泡打粉、杏仁粉，用刮刀翻拌均勻。取一張大的烤盤布或烘焙紙對折，放入麵團，
　　用手稍微壓平之後，連同烤盤布一起放入冰箱冷藏鬆弛。

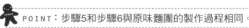
POINT：步驟5和步驟6與原味麵團的製作過程相同。

7　麵團經過冷藏鬆弛好後會變硬，若沒有馬上烘烤，為了避免乾裂，最好改用塑膠袋包裹好，放在冰箱冷凍保存，等到要送禮時，馬上就能拿出來烘烤了。

8　取出鬆弛好的麵團，在工作檯和麵團表面都撒上一些手粉。使用擀麵棍邊擀邊轉動麵團，麵團擀開成為厚1cm的平面。用壓模壓成小圓形，鋁箔巧克力模是直徑6cm，因此餅乾壓模要用直徑稍微小一點約5.5cm的尺寸。若沒有鋁箔巧克力模，麵團壓出形狀之後，可以直接放置在烤盤上，放入烤箱烘烤。

 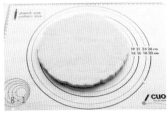 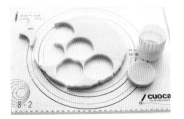

9　巧克力麵團和抹茶麵團也各自擀開成為厚1cm的平面，用餅乾壓模壓成小圓形之後，放入鋁箔巧克力模內。

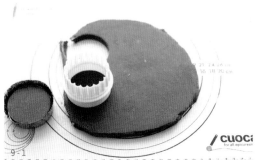 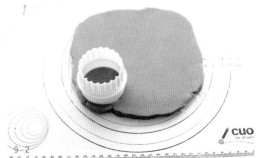

10　酥餅麵團都放入鋁箔巧克力模內，整齊地排列在烤盤上。蛋黃打散，均勻塗刷在麵團表面。

11　用叉子在麵團表面劃出交叉紋路。放入以160℃預熱好的烤箱，烤25～30分鐘，完成。

彩虹蛋糕

烤好的蛋糕基底橫切成片後可以直接堆疊，
鋪成原尺寸的蛋糕，也可以再裁切，製作成小尺寸或不同形狀的迷你蛋糕。
這道食譜中蛋糕基底食材雖然是2個顏色的份量，若家裡同時有3個一樣尺寸的烤模，
也可以將麵糊分成3等份，只是橫切出來的蛋糕片數會變少。

材料

份量 〈 以完成的蛋糕為基準，直徑15CM（6吋）圓形蛋糕2～3個

食材 〈

◆ 蛋糕基底，每份可做2種顏色：全蛋3個、白砂糖85G、蜂蜜15G、奶油15G、牛奶20G、低筋麵粉90G、食用色膏2種（1份蛋糕基底材料可以分成2等份，調色成2種顏色的麵糊。本食譜的彩虹蛋糕需要6種顏色的麵糊，必須準備3份蛋糕基底材料。這道食譜使用的是惠爾通食用色膏的正紅、檸檬黃、凱莉綠、皇家藍、紫羅蘭紫，橘色則是以正紅和檸檬黃色膏調和而成。）

◆ 乳酪餡：奶油乳酪100G、馬斯卡彭乳酪30G、動物性鮮奶油200G、白砂糖25G

工具 〈

◆ 調理盆 ◆ 電動攪拌器（打蛋器）◆ 橡皮刮刀 ◆ 抹刀 ◆ 網篩 ◆ 麵包刀
◆ 烘焙紙（防油紙）◆ 直徑15CM（6吋）圓形烤模 ◆ 隔水加熱用的鍋子

作法

1 蛋糕基底材料中的奶油、牛奶秤量好之後，放入微波爐或是墊一盆熱水一起加熱融化。

2 調理盆中放入全蛋，打散後，放入砂糖和蜂蜜。調理盆下方墊一盆熱水，使蛋液加溫，更容易打發成泡沫。使用電動攪拌器攪打全蛋液，泡沫變細緻時要慢慢降低轉速，依序用高速→中速→低速。

3 攪打過程中，若感覺到蛋液變得溫熱，即可移開調理盆下方的熱水。繼續攪打，將蛋液打發成蓬鬆細緻的泡沫。打發好的全蛋液泡沫滑落時要能拉出緞帶狀紋路，停留在表面。

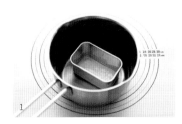

4 篩入低筋麵粉，用刮刀
順著調理盆的弧度由底
部往上，輕柔地翻拌均
勻。先舀一些麵糊倒入
裝有融化奶油和牛奶的
容器內混合均勻後，再
倒回調理盆中，將全部
的麵糊攪拌均勻。

5 麵糊分成2等份，分別調成不同的顏色。調色時，用竹籤頭在色膏中沾2次，再放入麵糊
中攪拌均勻即可。調好綠色和紅色麵糊之後，分別倒入鋪好烘焙紙的圓形烤模中，放入
以170℃預熱好的烤箱，烤20～25分鐘。

6 其他顏色（紫羅蘭紫、檸檬黃、皇家藍）的麵糊也是用同樣的步驟製作，先拌好麵糊，
分成2等份，各自加色膏調色，放入烤箱烘烤。橘色麵糊則是用兩枝竹籤頭分別沾取正
紅色和檸檬黃色膏調和而成。

7 烤好的6種顏色蛋糕基底脫模冷卻之後，用麵包刀橫切成厚度各1～1.5cm的蛋糕片。每
個蛋糕基底大約能切2～3片蛋糕片。

8　取一個調理盆，放入奶油乳酪、馬斯卡彭乳酪（可省略）用刮刀稍微拌開之後，加入砂糖攪拌均勻，再倒入冰涼的鮮奶油，調理盆下方墊一盆冰塊水，維持冷度，用電動攪拌器攪打至全打發，呈不會流動的硬挺狀態。

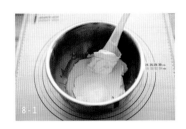

9　切成圓片的蛋糕基底依照紫→藍→綠→黃→橘→紅的顏色順序往上堆疊，每一層蛋糕片之間抹上適量的乳酪餡。

10　烤好的蛋糕基底若有零星的小塊，可以放在網篩上摩擦並篩出蛋糕細屑，用來裝飾。

11　堆疊好的彩虹蛋糕頂部抹上乳酪餡，再撒上蛋糕細屑裝飾，完成。

草莓罐子蛋糕

製作乳酪餡時,若沒有馬斯卡彭乳酪,可以用奶油乳酪替代,
也可以只用鮮奶油,打發後直接當內餡使用。
沒有草莓,則可以用奇異果代替,切片後,服貼在玻璃罐內緣,製作成奇異果罐子蛋糕。

材料

份量 〉 海綿蛋糕直徑15CM（6吋）圓形烤模1個，罐子蛋糕473ML玻璃瓶2個

食材 〉 ◆ 草莓500～600G

◆ 海綿蛋糕基底：全蛋2個、白砂糖55G、蜂蜜10G、低筋麵粉60G、奶油10G、
牛奶10G

◆ 乳酪餡：動物性鮮奶油300G、馬斯卡彭乳酪75G、白砂糖30G、香草籽少許

工具 〉

◆ 調理盆 ◆ 打蛋器 ◆ 電動攪拌器 ◆ 網篩 ◆ 橡皮刮刀 ◆ 烘焙紙（防油紙）
◆ 圓形烤模 ◆ 玻璃罐（玻璃瓶） ◆ 麵包刀 ◆ 塑膠擠花袋 ◆ 星形花嘴

作法

1　麵糊所需的奶油、牛奶秤量好之後，放入微波爐或是墊一盆熱水一起加熱融化。調理盆
中放入全蛋，打散後，放入砂糖和蜂蜜。調理盆下方墊一盆熱水，使蛋液加溫，更容易
打發成泡沫。使用電動攪拌器攪打全蛋液，泡沫變細緻時要慢慢降低轉速，依序用高速
→中速→低速。

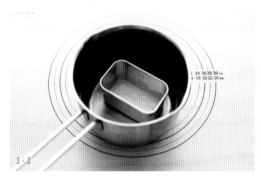

2　攪打過程中，若感覺到蛋液變得溫熱，
即可移開調理盆下方的熱水。繼續攪
打，將蛋液打發成蓬鬆細緻的泡沫。打
發好的全蛋液泡沫滑落時要能拉出緞帶
狀紋路，停留在表面。

3 篩入低筋麵粉，用刮刀順著調理盆的弧度由底部往上，輕柔地翻拌均勻。先舀一些麵糊倒入裝有融化奶油和牛奶的容器混合均勻後，再倒回調理盆，將全部的麵糊攪拌均勻。

4 麵糊倒入鋪好烘焙紙的圓形烤模，放入以170～180℃預熱好的烤箱，烤20～25分鐘。烤好，馬上從烤箱中取出，拿掉烤模，放置在冷卻架上降溫。

5 蛋糕充分冷卻後，用麵包刀先橫切成厚1.5cm的蛋糕片，再切成立方體的小丁。若想要大塊一點的蛋糕丁，可以再切大一點。

6 草莓洗淨，用廚房紙巾擦乾水分，一部分切成厚2mm的薄片，水果片盡量切得愈薄愈好，因為薄才容易服貼在玻璃罐內壁。剩下的草莓留下2顆最後做裝飾，其餘草莓切成小丁，當做內餡使用。

7 製作乳酪餡。調理盆中放入馬斯卡彭乳酪，用打蛋器打散之後，加入砂糖一起拌勻。在調理盆下方墊一盆冰塊水，維持冷度，冰涼的鮮奶油倒入乳酪中，用電動攪拌器攪打，刮入香草籽，打發至出現紋路，稍微硬挺的狀態即可。打發好的乳酪餡裝入擠花袋中。

8　切好的草莓薄片交錯拼貼在罐子內壁。先將草莓片尖端朝上拼貼一圈，上一層反方向再貼一圈，最頂層尖端朝上再貼一圈。

9　貼好草莓薄片的罐子內，底部先鋪一層蛋糕丁，再擠入薄薄一層乳酪餡。

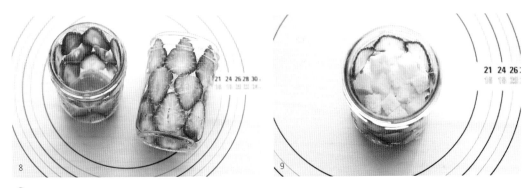

 POINT：拼貼草莓片時，也可以自由排列成喜歡的圖案。

10　乳酪餡上面放上適量草莓丁，再擠入薄薄一層乳酪餡。（內餡由下而上依序為蛋糕丁-乳酪餡-草莓丁-乳酪餡。）

11　罐子最頂層可以填滿乳酪餡後直接抹平，若家裡有星形花嘴，可以將星形花嘴和擠花袋組裝好，裝入乳酪餡，擠出數個層層相疊的小圓球，看起來更別緻。最後將預留的整顆草莓切對半，放在乳酪餡上裝飾，完成。

南瓜派

若使用的南瓜水分太多，可以取一個鍋子，放入蒸熟的南瓜、奶油、白砂糖、鹽，
邊加熱邊攪拌，使多餘水分蒸發掉再使用。沒有南瓜派香料粉的話，
可以用肉桂粉、薑粉、丁香粉混合後使用，或是直接加肉桂粉也可以。
若是單純只加肉桂粉，½茶匙就夠了，喜歡肉桂味則可以加到1茶匙。

材料
├ 份量〈 直徑17～18cm圓形派盤，1個

├ 食材〈

   ◆ 派皮：低筋麵粉200g、冰涼的奶油100g、鹽2g、糖粉15g、泡打粉¼茶匙、冰水55g、手粉（低筋麵粉）少許

   ◆ 南瓜餡：蒸熟的南瓜300g、黃砂糖45g、鹽少許、奶油20g、全蛋½個、動物性鮮奶油30g、南瓜派香料粉½～1茶匙

   ◆ 其他：蛋液少許（使用內餡剩餘的半顆蛋即可）

├ 工具〈

   ◆ 調理盆 ◆ 電動食物料理棒 ◆ 網篩 ◆ 橡皮刮刀 ◆ 圓形派盤 ◆ 刮板
   ◆ 擀麵棍 ◆ 刷子 ◆ 刀子 ◆ 叉子

作法

1　製作派皮。低筋麵粉、鹽、糖粉、泡打粉一起篩入調理盆中，放入冰涼的奶油，用刮板反覆剁切奶油，使奶油與麵粉均勻混合。

1-1　　　　　1-2

2　奶油剁碎成為細小的粉粒後，倒入冰水，用刮板反覆剁切，使水與麵粉充分混合成為麵團。麵團用塑膠袋或保鮮膜包好，放入冰箱冷藏鬆弛30分鐘～1小時。

 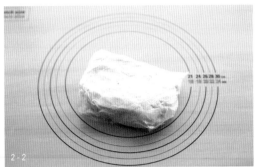

3　等待派皮麵團鬆弛的時候，製作南瓜餡。南瓜放入微波爐加熱或是放入蒸籠蒸熟之後，切掉外皮。取一個調理盆，放入蒸熟的南瓜300g和常溫軟化的奶油攪拌均勻。

POINT：也可以用打蛋器或刮刀攪拌。

4　放入黃砂糖、鹽、全蛋、鮮奶油一起拌勻。

5　放入南瓜派香料粉拌勻。使用電動食物料理棒將南瓜攪拌成細緻的泥狀。

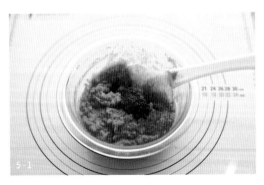 

6　取出鬆弛好的派皮麵團，分成2等份，工作檯上撒一些手粉，取其中一份麵團，用擀麵棍邊擀邊轉動麵團，將麵團擀開成為厚3mm的平面。

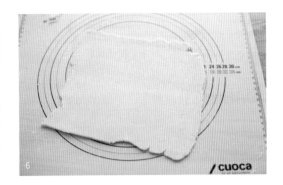

7　刷掉派皮上多餘的手粉，並鋪入派盤內，用手捏壓緊密，用刀子切掉多餘派皮，放入冰箱冷藏降溫一下後，取出冰好的派皮，倒入南瓜泥並抹平表面。

8　取另一份派皮麵團，擀成同樣的厚度之後，切成與派盤口徑一樣大的圓形，再用小刀刻出萬聖節南瓜燈的鬼臉。

9　裝有南瓜餡的派皮邊緣塗上蛋液，再覆蓋封頂用的鬼臉派皮，使上下派皮的邊緣黏在一起，再用叉子在邊緣壓出紋路，使派皮更加密合。最後將蛋液均勻塗刷在封頂派皮的表面，放入以180℃預熱好的烤箱，烤40～45分鐘，將南瓜派充分加熱並烤成金黃色澤，完成。

抹茶(綠茶)白巧克力蛋糕

若有抹茶粉，建議優先使用抹茶粉，因為抹茶粉和綠茶粉相比，
比較沒有苦澀味，製作出來的蛋糕更柔和順口。
這道食譜將一部分砂糖的份量替換成海藻糖，可以降低甜度，
海藻糖還具有保水性，製作的蛋糕不會那麼甜膩，口感也更濕潤。
沒有海藻糖的話，請替換成白砂糖。

材料

份量 — 直徑15cm（6吋）圓形烤模，1個

食材 — 調溫白巧克力80g、奶油50g、動物性鮮奶油50g、蛋黃3個、白砂糖（打蛋黃用）20g、蛋白2個、白砂糖（打蛋白用）25g、海藻糖15g、低筋麵粉30g、玉米粉5g、抹茶粉（或綠茶粉）12g

工具 — ◆ 融化巧克力用的容器 ◆ 調理盆 ◆ 打蛋器或電動攪拌器 ◆ 橡皮刮刀 ◆ 烘焙紙 ◆ 直徑15cm（6吋）圓形烤模

作法

1　材料中的白巧克力、奶油一起隔水加熱融化。取另一個容器裝入鮮奶油，隔水加熱至微燙狀態。

2　先打發蛋黃。調理盆中放入蛋黃並打散之後，加入砂糖，打發成鵝黃色的細緻泡沫。

3　加熱融化好的白巧克力和奶油倒入蛋黃泡沫中拌勻，再倒入加熱過的鮮奶油攪拌均勻。

4　取另一個調理盆，放入蛋白，用電動攪拌器打出蓬鬆的大氣泡後，持續攪拌並將砂糖和海藻糖分2～3次加入，打發成乾性發泡蛋白霜，拉起攪拌器時，泡沫要呈挺立的錐狀，不會垂落。

5　先取1/3打發好的蛋白霜倒入蛋黃糊中，用打蛋器攪拌均勻。

6　篩入低筋麵粉、玉米粉、抹茶粉，用刮刀順著調理盆的弧度由底部往上，輕柔地翻拌均勻。再將剩下的蛋白霜分2次加入麵糊中翻拌均勻。

7　麵糊倒入鋪好烘焙紙的圓形烤模中。放入以160℃預熱好的烤箱，溫度調低成150℃，烤30～35分鐘。

生乳蛋糕捲〔堂島蛋糕捲〕

1-12

這道蛋糕捲的鮮奶油餡份量較多，若使用一般動物性鮮奶油吃起來可能會膩口，
必須使用沒添加乳化劑和安定劑且乳脂肪含量較高的生乳鮮奶油，口感才會清爽、滑順。
打發鮮奶油時，調理盆下方一定要墊一盆冰塊水維持冷度，才容易發泡。

材料

份量 〉 29cm×29cm正方形蛋糕捲烤盤1個，或32cm×28cm烤盤1個

食材 〉

◆ 蛋糕基底：蛋黃80g、白砂糖（打蛋黃用）10g、蜂蜜20g、蛋白120g、白砂糖（打蛋白用）60g、低筋麵粉40g、奶油15g、牛奶25g、

◆ 生乳鮮奶油餡：生乳鮮奶油300g、白砂糖23g、香草籽少許

◆ 裝飾用：糖粉少許

工具 〉

◆ 蛋糕捲烤盤 ◆ 烤盤、烘焙紙（或烤盤布） ◆ 打蛋器 ◆ 電動攪拌器
◆ 橡皮刮刀 ◆ 調理盆 ◆ 網篩 ◆ 刮板 ◆ 抹刀

作法

1　不使用全蛋打發，而是分開蛋白和蛋黃，各自秤量所需的份量。材料中的奶油、牛奶一起隔水加熱融化，備用。取一個調理盆，放入蛋黃並打散後，加入砂糖和蜂蜜，用電動攪拌器打發成鵝黃色細緻泡沫。打發蛋黃時，調理盆下方墊一盆熱水，微溫狀態可以使蛋黃更容易打發成泡沫。

2　取另一個調理盆，放入蛋白，用打蛋器或電動攪拌器打出蓬鬆的大氣泡後，持續攪拌並將砂糖分3次加入一起打發。

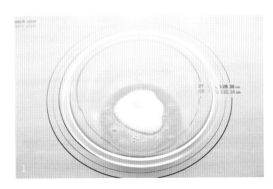

3　砂糖一點一點加入蛋白泡沫中一起攪打，打發成乾性發泡蛋白霜，拉起泡沫呈錐狀，不
　　會垂落即可。打發好的蛋白霜先挖一半倒入蛋黃糊中，用打蛋器攪拌均勻。

4　低筋麵粉分2次篩入蛋黃糊中，用打蛋器輕柔地攪拌均勻。

5　事先加熱融化好的奶油和牛奶倒入麵糊中拌勻後，再倒入剩餘的蛋白霜，用刮刀翻拌均
　　勻。

6　麵糊倒入鋪好烘焙紙的蛋糕捲烤盤，
　　用刮板刮平麵糊表面，蛋糕捲烤盤放
　　在烤箱的烤盤上，放入以180℃預熱
　　好的烤箱，烤13～15分鐘。烤好的蛋
　　糕基底表面呈淺褐色，立即取出，拿
　　掉烤盤，放置在冷卻架上降溫。

7 等待蛋糕基底降溫時，製作生乳鮮奶油餡。取一個調理盆，倒入冰涼的生乳鮮奶油，下方墊一盆冰塊水，維持冷度，鮮奶油中倒入砂糖並刮入香草籽，攪打至全打發，成為硬挺的生乳鮮奶油霜。

8 桌面鋪一張新的烘焙紙，蛋糕底部朝上放上去，撕掉舊的烘焙紙，在蛋糕上抹上一層厚厚的生乳鮮奶油霜。塗抹時，蛋糕基底中心的鮮奶油霜要抹厚一點，前後兩端抹薄一點，捲的時侯才不會溢出。

9 用手抓著烘焙紙，像捲壽司一樣，將抹好鮮奶油霜的蛋糕基底捲成圓筒狀。放入冰箱冷藏30分鐘以上，等蛋糕捲冰涼了再品嘗。

10 取出冰好的蛋糕捲，在表面撒上糖粉。切蛋糕捲時，刀子要先用熱水浸泡一下，使刀子變溫熱後，擦乾水分再切。每切一片蛋糕後，擦乾淨刀子再重複此步驟，切出來的蛋糕斷面就會很乾淨漂亮。

抹茶(綠茶)磅蛋糕

磅蛋糕麵糊倒入烤模之後,要用沾過奶油或食用油的刮刀深切一道中心線,
麵糊在烘烤過程中才會從中心線隆起,烤出漂亮的磅蛋糕形狀。
若不劃中心線直接烘烤,膨脹時裂口會不工整。

材料

份量 ⟩ 長度18CM磅蛋糕烤模1個，或12CM磅蛋糕烤模2個

食材 ⟩ ◆ 奶油100G ◆ 白砂糖80G ◆ 鹽少許 ◆ 全蛋2個 ◆ 低筋麵粉110G ◆ 抹茶粉8G
◆ 泡打粉3G ◆ 綜合蜜豆100G ◆ 奶油或食用油（劃中心線用）少許

工具 ⟩
◆ 電動攪拌器 ◆ 橡皮刮刀 ◆ 烘焙紙 ◆ 磅蛋糕烤模 ◆ 調理盆 ◆ 橡皮刮刀 ◆ 網篩

作法

1　常溫軟化的奶油放入調理盆中，用電動攪拌器打散，倒入砂糖和鹽，繼續攪打至奶油顏
　　色泛白。全蛋打散，以少量多次的方式加入奶油中一起攪打，直到蛋液完全融入奶油
　　中。

2　篩入低筋麵粉、抹茶粉、泡打粉，用刮刀翻拌均勻。

3　麵糊攪拌至沒有殘餘麵粉後，倒入綜合蜜豆。綜合蜜
　　豆留一些最後撒在表面，其他全部拌入麵糊中。

4　麵糊倒入鋪好烘焙紙的磅蛋糕烤模，拿一個乾淨的刮
　　刀，沾取奶油或食用油，在麵糊中央深切一道中心
　　線。最後在麵糊表面放上之前保留的綜合蜜豆，放入
　　以170℃預熱好的烤箱，烤30～35分鐘。

番茄提拉米蘇

為了讓提拉米蘇的表面看起來像雪，務必要使用防潮糖粉。
若使用一般糖粉，很快就會全部融化，因此一定要用不會融化的防潮糖粉。

材料

份量 5.5CMX9CMX6.5CM塑膠甜點杯，3～4個

食材

◆ 海綿蛋糕基底：全蛋2個、白砂糖55G、蜂蜜10G、低筋麵粉60G、奶油10G、牛奶10G

◆ 乳酪餡：馬斯卡彭乳酪200G、動物性鮮奶油200G、白砂糖32G、香草莢約¼根

◆ 裝飾用：小番茄8～10個、新鮮薄荷葉少許、防潮糖粉少許

◆ 番茄果醬：番茄500G、檸檬汁20G、白砂糖200G

※此份量大約可以做出120～130ML番茄果醬2罐。這樣的份量可以同時製作番茄提拉米蘇和番茄磅蛋糕（見P.288）兩種甜點。若只製作番茄提拉米蘇，請將番茄果醬的材料減半。

工具

◆ 鍋子 ◆ 耐熱刮刀 ◆ 果醬罐 ◆ 烤盤 ◆ 直徑15CM圓形烤模 ◆ 調理盆
◆ 電動攪拌器（打蛋器） ◆ 烘焙紙（油紙） ◆ 塑膠甜點杯 ◆ 圓形餅乾壓模
◆ 麵包刀 ◆ 抹刀 ◆ 刀子 ◆ 網篩

作法

1　**製作番茄果醬。** 在番茄底部用刀子劃出十字刀口，放入熱水中稍微煮一下後，以冷水浸泡並剝去外皮。

2　去皮番茄切成小丁，放入鍋中。切的時候若刮除一部分番茄籽，煮出的番茄果醬顏色會比較清澈透亮。想要連籽全部一起煮也沒關係，依個人喜好決定即可。

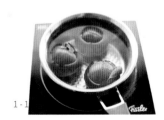

1-1　　　　　　　　　　1-2　　　　　　　　　　2

3　加入檸檬汁和砂糖拌勻，以中火加熱並持續攪拌，大約煮25分鐘。若開大火加熱，很容易燒焦，所以務必要用中火慢慢熬煮。

4　番茄果醬熬煮到水分收乾到原先的一半，變得濃稠，這樣有果粒的狀態其實可以直接搭配麵包食用。因為還要用來製作提拉米蘇，所以再用電動食物料理棒攪打細緻並加熱，才算完成番茄果醬。

5　裝果醬的玻璃罐先用煮沸的熱水消毒一下，裝入煮好的番茄果醬，馬上蓋上蓋子，靜置冷卻。製作提拉米蘇要用冰的番茄果醬，因此果醬充分降溫後，要放入冰箱冷藏保存。

6　**製作海綿蛋糕。**蛋糕基底麵糊所需的奶油、牛奶秤量好，放入微波爐或是墊一盆熱水一起加熱融化。圓形烤模預先鋪好烘焙紙。取一個調理盆，放入全蛋，打散後，放入砂糖和蜂蜜。調理盆下方墊一盆熱水，使蛋液加溫，更容易打發成泡沫。

7　使用電動攪拌器攪打全蛋液，泡沫變細緻時要慢慢降低轉速，依序用高速→中速→低速。攪打過程中，若感覺到蛋液變得溫熱，即可移開調理盆下方的熱水。繼續攪打，將蛋液打發成蓬鬆細緻的泡沫。打發好的全蛋液泡沫滑落時要能拉出緞帶狀紋路，停留在表面。

8 　篩入低筋麵粉，用刮刀順著調理盆的弧度由底部往上，輕柔地翻拌均勻。先舀一些麵糊倒入裝有融化奶油和牛奶的容器內混合均勻後，再倒回調理盆中，將全部麵糊攪拌均勻。

9 　麵糊倒入鋪好烘焙紙的圓形烤模，放入以170～180℃預熱好的烤箱，烤20～25分鐘。蛋糕基底烤好後，從烤箱中取出，馬上拿掉烤模，放置在冷卻架上降溫。

10 　蛋糕基底充分冷卻後，橫切成厚1cm的片狀。測量甜點杯底部和中間部位的直徑，挑選符合的圓形餅乾壓模，將蛋糕片壓成小圓片，每個甜點杯需要準備底部和中間部位的蛋糕片各1片。

11 　**製作乳酪餡**。取一個調理盆，放入馬斯卡彭乳酪，用刮刀稍微拌開後，加入白砂糖，並刮入香草籽一起攪拌均勻。

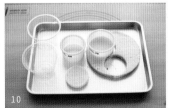

12　1/4冰涼的鮮奶油倒入乳酪中攪拌均勻，下方墊一盆冰塊水，維持冷度，剩餘的冰涼鮮奶油全部倒入乳酪中，用電動攪拌器攪打。

13　打發至出現紋路時，具有濃厚流質感的狀態，即完成乳酪餡。

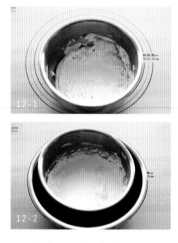

14　塑膠甜點杯中先舀入30～35g冰涼的番茄果醬，再鋪入1片蛋糕片並稍微壓一下，使蛋糕底部充分沾附番茄果醬。

15　接著舀入乳酪餡，大約到甜點杯的一半高度，再一次舀入35～40g番茄果醬。

16 再鋪入1片蛋糕片並稍微壓一下。

17 最後用乳酪餡填滿剩餘的空間,並用抹刀抹平杯口的乳酪餡。放入冰箱冷藏30分鐘,等提拉米蘇冰涼了再品嘗。

18 裝飾用的小番茄洗淨並擦乾水分,其中一半對切成2等份,另一半保留蒂頭並維持原狀。

19 品嘗前,從冰箱中取出提拉米蘇,用網篩在表面撒滿防潮糖粉。

20 依據個人喜好用小番茄和薄荷葉裝飾,上桌享用。

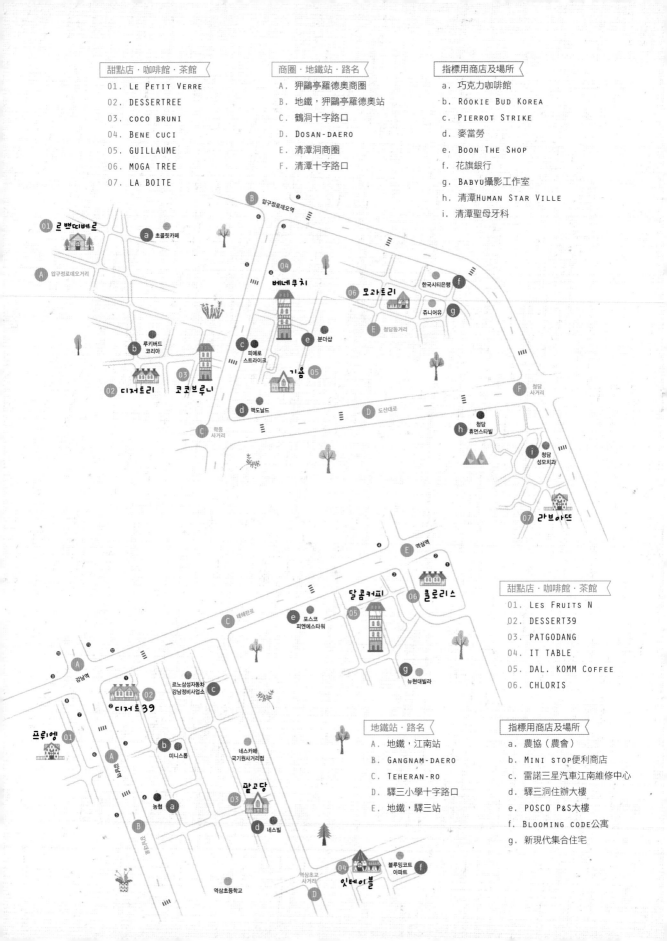

甜點店‧咖啡館‧茶館
01. LE PETIT VERRE
02. DESSERTREE
03. COCO BRUNI
04. BENE CUCI
05. GUILLAUME
06. MOGA TREE
07. LA BOITE

商圈‧地鐵站‧路名
A. 狎鷗亭羅德奧商圈
B. 地鐵，狎鷗亭羅德奧站
C. 鶴洞十字路口
D. Dosan-daero
E. 清潭洞商圈
F. 清潭十字路口

指標用商店及場所
a. 巧克力咖啡館
b. ROOKIE BUD KOREA
c. PIERROT STRIKE
d. 麥當勞
e. BOON THE SHOP
f. 花旗銀行
g. BABYU攝影工作室
h. 清潭HUMAN STAR VILLE
i. 清潭聖母牙科

甜點店‧咖啡館‧茶館
01. LES FRUITS N
02. DESSERT39
03. PATGODANG
04. IT TABLE
05. DAL, KOMM COFFEE
06. CHLORIS

地鐵站‧路名
A. 地鐵，江南站
B. GANGNAM-DAERO
C. TEHERAN-RO
D. 驛三小學十字路口
E. 地鐵，驛三站

指標用商店及場所
a. 農協（農會）
b. MINI STOP便利商店
c. 雷諾三星汽車江南維修中心
d. 驛三洞住辦大樓
e. POSCO P&S大樓
f. BLOOMING CODE公寓
g. 新現代集合住宅

PART ② 江南

江南可以說是首爾的流行時尚中心，設有許多商辦大樓和外語補習班，因此無論白天或晚上都很熱鬧，更有許多好玩、好吃、好看的店鋪吸引大家在這裡聚會。要尋找首爾的美味餐廳，這裡絕對是不二首選。

2-1	提拉米蘇塔
2-2	香草閃電泡芙
2-3	巧克力閃電泡芙
2-4	蜜桃紅茶脆皮蛋糕捲
2-5	紅絲絨杯子蛋糕
2-6	香草千層蛋糕
2-7	蜂蜜蛋糕
2-8	紐約乳酪蛋糕
2-9	焦糖冰淇淋
2-10	椰香司康
2-11	抹茶白巧克力脆皮蛋糕捲
2-12	海鹽焦糖馬卡龍
2-13	地瓜餅乾
2-14	黑糖瑪德蓮
2-15	三色大理石費南雪
2-16	基礎鬆餅
2-17	檸檬薑片汽水
2-18	草莓拿鐵
2-19	覆盆子馬卡龍
2-20	小熊杯子蛋糕

甜點店‧咖啡館‧茶館

01. KIWI YO
02. To The Different
03. Maman Gateau
04. NEW KOPI Coffee
05. The Baking
06. The Banana & Co

地鐵站‧路名

A. 地鐵，新論峴站（教保大樓十字路口）
B. Bongeunsa-ro

指標用商店及場所

a. CAFE CHLORIS新論峴店
b. CGV電影院
c. 農協（農會）
d. BANDI江南本店
e. 首爾麗思卡爾頓酒店

2-1 提拉米蘇塔

烤好的塔皮刷上蛋液再烘烤一下，是製作塔皮的必要步驟。
塔皮表面塗刷蛋液，經過烘烤後，會形成一層隔絕層，
隔離內餡的濕氣，使塔皮維持酥脆口感。
若沒有塗蛋液烘烤，填入內餡之後，塔皮很快就會被內餡的濕氣浸濕。

材料

份量　直徑12CM圓形菊花塔模，1個

食材

- 海綿蛋糕（直徑15cm圓形烤模）：全蛋2個、白砂糖55G、蜂蜜10G、低筋麵粉60G、奶油10G、牛奶10G
- 塔皮：奶油80G、糖粉40G、鹽少許、全蛋28G、低筋麵粉130G、杏仁粉20G、香草粉少許、蛋液少許（塗刷塔皮用，使用塔皮麵團剩餘的蛋液即可）、手粉（低筋麵粉）少許
- 巧克力甘納許：調溫黑巧克力20G、動物性鮮奶油20G
- 咖啡糖液：水100G、白砂糖40G、即溶咖啡粉4G、咖啡香甜酒20G
- 乳酪餡：蛋黃30G、白砂糖（製作蛋奶醬）40G、動物性鮮奶油（製作蛋奶醬）100G、香草籽少許、吉利丁片3G、馬斯卡彭乳酪250G、動物性鮮奶油（打發鮮奶油霜）150G、白砂糖（打發鮮奶油霜）10G、裝飾表面用的無糖可可粉少許

工具

- 調理盆 - 刮板 - 擀麵棍 - 塑膠袋 - 叉子 - 烘焙紙 - 烘焙石 - 耐熱刮刀 - 打蛋器 - 電動攪拌器 - 網篩 - 刀子與砧板 - 抹刀 - 刷子 - 麵包刀 - 圓形菊花塔模 - 圓形烤模 - 隔水加熱用容器 - 蛋糕旋轉台

作法

1 製作塔皮麵團。低筋麵粉、杏仁粉、糖粉、鹽、香草粉一起篩入調理盆，再將冰涼的奶油切小塊後，加入調理盆中，用刮板反覆剁切奶油，使奶油與麵粉均勻混合。

2 奶油變得細碎且均勻裹上麵粉後，用指尖快速搓捏成砂粒狀。

3 全蛋打散，倒入麵粉中央，用刮板反覆剁切，使蛋液與麵粉充分混合成鬆散的麵團。

1

2

3-1

3-2

4 麵團放到工作檯上，用手掌底端將麵團往前推揉，重複此動作3次，使麵團緊實。用刮板將麵團聚合後，放入塑膠袋中包好並稍微壓平，放入冰箱冷藏鬆弛1小時。

5 製作海綿蛋糕。蛋糕基底麵糊所需的奶油、牛奶秤量好，放入微波爐或是墊一盆熱水一起加熱融化。圓形烤模預先鋪好烘焙紙。取一個調理盆，放入全蛋，打散後，放入砂糖和蜂蜜。調理盆下方墊一盆熱水，使蛋液加溫，更容易打發成泡沫。使用電動攪拌器攪打全蛋液，泡沫變細緻時要慢慢降低轉速，依序用高速→中速→低速。

6 攪打過程中，若感覺到蛋液變得溫熱，即可移開調理盆下方的熱水。繼續攪打，將蛋液打發成蓬鬆細緻的泡沫。打發好的全蛋液泡沫滑落時要能拉出緞帶狀紋路，停留在表面。

7 篩入低筋麵粉，用刮刀順著調理盆的弧度由底部往上，輕柔地翻拌均勻。先舀一些麵糊倒入裝有融化奶油和牛奶的容器內混合均勻後，再倒回調理盆中，將全部的麵糊攪拌均勻。

8 麵糊倒入鋪好烘焙紙的圓形烤模，放入以170～180℃預熱好的烤箱，烤20～25分鐘。海綿蛋糕烤好後，從烤箱中取出，馬上拿掉烤模，放置在冷卻架上降溫。充分冷卻之後，橫切成厚1cm的片狀。

9 準備烘烤塔皮。取出鬆弛好的塔皮麵團，在工作檯和麵團表面都撒上一些手粉，用擀麵棍邊擀邊轉動麵團，擀開成為比塔模稍大一點的3mm厚平面。

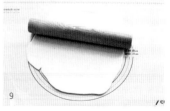

10 塔皮移到塔模上，運用指腹將塔皮緊密壓入塔模的每個皺折中。用擀麵棍在塔模上滾一圈，切斷多餘塔皮。

11 塔皮底部用叉子戳一些氣孔，放入冰箱冷藏10～20分鐘，讓塔皮鬆弛降溫一下。

12 塔模從冰箱取出，取一張比塔模稍大一點的烘焙紙，用手揉撺變軟，覆蓋在塔皮上，再填滿烘焙石。放入以160℃預熱好的烤箱，烤30分鐘。

13 塔皮烤30分鐘後，馬上從烤箱中取出，拿掉烘焙石和烘焙紙，用刷子快速將蛋液均勻塗刷在塔皮表面。重新放入160℃的烤箱，再烤5～10分鐘。蛋液烤成金黃色澤之後，從烤箱取出，連同塔模直接放在冷卻架上降溫，充分冷卻後再脫模。

14 製作巧克力甘納許。調溫黑巧克力隔水加熱融化，倒入加熱至微燙的鮮奶油，攪拌均勻。

15 塔皮冷卻後，在塔皮內塗抹一層薄薄的巧克力甘納許，放入冰箱冷藏一下。

 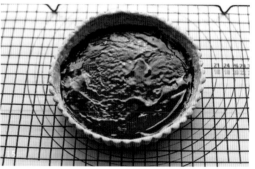

16 製作咖啡糖液。水、砂糖、即溶咖啡粉倒入鍋中，加熱煮至砂糖融化，加入咖啡香甜酒拌勻，放涼備用。

17 製作乳酪餡。吉利丁片以冰水浸泡軟化備用。取一個鍋子，香草莢剖開刮出香草籽，與鮮奶油一起放入鍋中，加熱至鍋緣冒泡。取一個調理盆，倒入蛋黃和砂糖，打發成鵝黃色細緻泡沫後，倒入加熱好的鮮奶油，快速攪打均勻。

18 使用網篩過濾，攪拌好的蛋奶液倒回鍋中，以中小火加熱。加熱時，用耐熱刮刀以畫8字形的方式，緩慢持續地攪拌，變得有些濃稠且溫度達到83～84℃時，用刮刀刮開鍋底的蛋奶醬，可以看見鍋底，痕跡清楚並殘留一段時間才緩慢消失，就表示達到所需的濃稠度。

19 關火,泡軟的吉利丁片擰乾水分,放入蛋奶醬中攪拌均勻。用網篩過濾煮好的蛋奶醬,靜置降溫。

20 塔取一個調理盆,放入馬斯卡彭乳酪,用打蛋器打散之後,倒入放涼的蛋奶醬,攪拌均勻。

21 取另一個調理盆,倒入冰涼的鮮奶油,下方墊一盆冰塊水,維持冷度,使用打蛋器或電動攪拌器攪打鮮奶油至7分發,開始出現紋路,變成具有濃厚流質感的鮮奶油霜即可。

22 打發好的鮮奶油霜分3次加入乳酪蛋黃醬中,拌勻成乳酪餡。第一次加入時,用打蛋器拌勻,第二次和第三次改用刮刀翻拌均勻,完成乳酪餡。

23 切好的1cm厚蛋糕片中，一片維持原狀，另一片切成稍微小一點的直徑12～13cm圓形。

24 從冰箱取出塗抹過巧克力甘納許的塔皮，放在蛋糕旋轉台上，塔皮內填入薄薄一層乳酪餡。

25 再放入直徑15cm的大片蛋糕片。

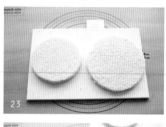

26 用刷子將咖啡糖液充分塗刷在蛋糕表面，使蛋糕片吸滿咖啡糖液。

27 再抹上厚厚一層乳酪餡。

28 放上小片的蛋糕片，剩餘的咖啡糖液塗刷在蛋糕表面，使其充分濕潤。

29 倒入剩下的乳酪餡,抹成圓錐狀,再用抹刀做造型。先將乳酪餡抹成圓錐狀,逆時針轉
    動蛋糕旋轉台,用抹刀在乳酪餡表面刮出同心圓紋路。放入冰箱冷凍,使蛋糕餡結凍再
    品嘗。

30 取出冷凍好的提拉米蘇塔,用網篩在表面撒滿無糖可可粉,完成。分切食用時,刀子稍
    微燙熱,切出來的斷面會比較完整漂亮。

香草閃電泡芙

閃電泡芙的麵糊要比一般泡芙更濃稠一點，烤出來的形狀才會比較漂亮。
拌麵糊時，要留意不要調得太稀。

2-2

材料

份量〉 長12CM，9個

食材〉

◆ 泡芙麵糊：水50G、牛奶50G、奶油43G、鹽1.5G、白砂糖1.5G、低筋麵粉
  55G、全蛋75G、糖粉少許

◆ 輕卡士達醬：牛奶250G、蛋黃43G、白砂糖60G、玉米粉25G、香草莢½根、
  動物性鮮奶油50G

◆ 牛奶糖霜：糖粉90G、牛奶21G、香草籽少許

◆ 裝飾：金箔少許

工具〉

◆ 電動攪拌器 ◆ 打蛋器 ◆ 調理盆 ◆ 網篩 ◆ 耐熱刮刀 ◆ 鍋子 ◆ 不鏽鋼托盤
◆ 烤盤 ◆ 塑膠擠花袋 ◆ 星形花嘴 ◆ 小口徑花嘴

作法

1　製作泡芙麵糊。水、牛奶、奶油、鹽、白砂糖放入鍋中，開火煮至完全沸騰。

2　關火，篩入低筋麵粉，用耐熱刮刀拌勻。重新以中火加熱，用耐熱刮刀持續翻拌，使麵
團的水分蒸發。

3　持續翻動麵團，直到鍋邊或鍋底出現
　　霧色薄膜時，即可離火。

POINT：麵團要充分加熱，不然泡芙
　　　　烘烤時不容易膨發起來。

4　麵團放入調理盆中，用刮刀攤平，將預先打散的全蛋液先倒入1/2拌勻，再將剩下的全
　　蛋液以少量多次的方式加入並攪拌均勻，完成質地滑順的麵糊。

5　選用多齒的星形花嘴，花嘴與擠花袋組裝好，裝入泡芙麵糊。在烤盤上擠出長12cm的
　　長條麵糊。麵糊表面用網篩撒上2次糖粉。放入以160℃預熱好的烤箱，烤25～30分鐘
　　後，放置在冷卻架上降溫。烘烤的過程中絕對不能打開烤箱門。

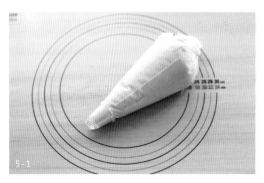

6 製作輕卡士達醬。剖開香草莢，刮出香草籽。取一個鍋子放入香草籽和牛奶，加熱至鍋緣冒泡。

7 取一個調理盆，放入蛋黃打散後，放入砂糖，用打蛋器快速攪打，打發成鵝黃色細緻泡沫後，放入玉米粉拌勻。

8 倒入加熱好的香草籽牛奶，快速攪拌均勻。

9 使用網篩過濾，攪拌好的蛋奶液倒回鍋中，以中火加熱，並用打蛋器持續攪拌，避免底部燒焦。蛋奶液變得濃稠、光滑，冒出大氣泡時，即可離火，完成初步的卡士達醬。

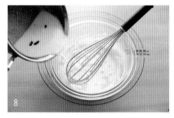

10 卡士達醬倒入不鏽鋼托盤中攤平，覆蓋保鮮膜並緊密貼合卡士達醬，隔絕空氣。墊一盆冰塊水或是直接放入冰箱冷藏，加速冷卻。

11 閃電泡芙充分降溫後，用小口徑的花嘴在底部鑽2～3個孔洞。

12 冰涼的鮮奶油倒入調理盆中，下方墊一盆冰塊水，攪打成硬挺的全打發鮮奶油霜。取另一個調理盆，放入冷卻好的卡士達醬，用打蛋器攪拌滑順，再加入打發好的鮮奶油霜翻拌均勻，完成輕卡士達醬。小口徑圓形花嘴和擠花袋組裝好，裝入拌好的輕卡士達醬，從泡芙底部的孔洞注入內餡。

13 製作牛奶糖霜。糖粉篩入牛奶中，用打蛋器攪拌均勻。刮出香草莢的籽，加入牛奶糖霜中一起攪拌均勻。填好內餡的泡芙頂部朝下，沾附牛奶糖霜。

14 牛奶糖霜表面用少許金箔點綴，完成。製作好的閃電泡芙放入冰箱冷藏，等內餡冰涼了再品嘗，滋味更好。

2-3 巧克力閃電泡芙

本食譜使用作法簡單的巧克力甘納許來沾裹表面，
若喜歡巧克力有脆皮口感，可以將調溫巧克力準確地調溫後沾裹，
或是直接使用裝飾用的免調溫巧克力。

材料

份量〈 長12cm，9個

食材〈

◆ 泡芙麵糊：水50g、牛奶50g、奶油43g、鹽1.5g、白砂糖1.5g、低筋麵粉
  55g、全蛋75g、糖粉少許

◆ 巧克力卡士達醬：牛奶250g、蛋黃40g、白砂糖58g、玉米粉22g、香草莢½
  根、調溫黑巧克力40g、動物性鮮奶油40g

◆ 巧克力甘納許：調溫黑巧克力60g、動物性鮮奶油60g

◆ 裝飾：可可豆碎粒少許

工具〈

◆ 電動攪拌器 ◆ 打蛋器 ◆ 調理盆 ◆ 網篩 ◆ 耐熱刮刀 ◆ 鍋子 ◆ 不鏽鋼托盤
◆ 烤盤 ◆ 塑膠擠花袋 ◆ 星形花嘴 ◆ 小口徑花嘴

作法

1　製作泡芙麵糊。水、牛奶、奶油、鹽、白砂糖放入鍋中，開火煮至完全沸騰後，關火。
　　篩入低筋麵粉，用耐熱刮刀攪拌均勻。

2　重新以中火加熱，用耐熱刮刀持續翻拌，使麵團的水分蒸發，直到鍋邊或鍋底出現霧色
　　薄膜，即可離火。

3　麵團放入調理盆中，用刮刀攤平，預先打散的全蛋液先倒入1/2拌勻，剩下的全蛋液再以少量多次的方式加入並攪拌均勻，完成質地滑順的麵糊。選用多齒的星形花嘴，花嘴與擠花袋組裝好，裝入泡芙麵糊。

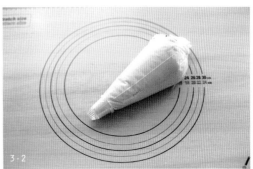

4　在烤盤上擠出長12cm的長條麵糊。麵糊表面用網篩撒上2次糖粉。放入以160℃預熱好的烤箱，烤25～30分鐘。烤好後，放置在冷卻架上充分降溫。

5　閃電泡芙底部用小口徑的花嘴鑽出數個注入內餡用的孔洞。

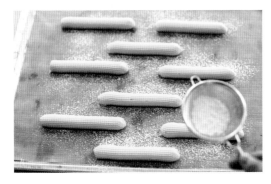

6 製作巧克力卡士達醬。剖開香草莢，刮出香草籽。取一個鍋子放入香草籽和牛奶，加熱至鍋緣冒泡，即可關火。取一個調理盆，放入蛋黃打散後，放入砂糖，用打蛋器快速攪打，打發成鵝黃色細緻泡沫後，放入玉米粉拌勻。再倒入加熱好的香草籽牛奶，快速攪拌均勻。

7 使用網篩過濾，攪拌好的蛋奶液倒回鍋中，以中火加熱，並用打蛋器持續攪拌，避免底部燒焦。蛋奶液變得濃稠、光滑，冒出大氣泡時，即可離火，完成初步的卡士達醬。

8 卡士達醬倒入不鏽鋼托盤中攤平，覆蓋保鮮膜並緊密貼合卡士達醬，隔絕空氣。墊一盆冰塊水或是直接放入冰箱冷藏，使其盡速冷卻。

9　鮮奶油加熱至鍋緣冒泡。取一個調理盆，放入巧克力，再倒入加熱好的鮮奶油一起拌勻。因為量比較少，也可以將這兩個材料一起隔水加熱融化。

10　取一個調理盆，倒入充分冷卻好的卡士達醬，用打蛋器先攪拌成滑順狀態。再加入融化好的巧克力與鮮奶油，攪拌均勻，完成巧克力卡士達醬。

11　小口徑圓形花嘴和擠花袋組裝好，裝入拌好的巧克力卡士達醬，從泡芙底部的孔洞注入內餡。

12　製作巧克力甘納許。調理盆中放入鮮奶油和黑巧克力，隔水加熱融化。填好內餡的泡芙頂部朝下，沾附巧克力甘納許，最後再用少許可可碎粒點綴，完成。製作好的閃電泡芙放入冰箱中冷藏，待內餡冰涼了再品嘗，滋味更好。

蜜桃紅茶脆皮蛋糕捲

擠脆皮蛋糕麵糊時，先擠一條對角線麵糊，將半邊三角形依序擠滿一條條並排的麵糊，
再將烤盤轉向，擠滿另一半三角形。擠出來的蛋糕麵糊就會很對稱、整齊。
擠麵糊的順序要從最長的中間對角線開始，平行地往對角方向擠，麵糊才會筆直。

材料

份量 〉 30CMX30CM蛋糕捲烤盤1個，或32CMX28CM烤盤1個

食材 〉

◆ 紅茶脆皮蛋糕：全蛋3個、白砂糖90G、低筋麵粉78G、玉米粉5G、紅茶粉7G、糖粉適量

◆ 浸泡水蜜桃的糖液：水160G、白砂糖80G、櫻桃白蘭地（櫻桃香甜酒）20G、檸檬汁5G

◆ 乳酪餡：馬斯卡彭乳酪40G、動物性鮮奶油220G、白砂糖20G、香草籽少許、櫻桃白蘭地（櫻桃香甜酒）5G

◆ 其他：水蜜桃2顆

工具 〉

◆ 調理盆 ◆ 打蛋器 ◆ 網篩 ◆ 鍋子 ◆ 橡皮刮刀 ◆ 烘焙紙或烤盤布
◆ 蛋糕捲烤盤或一般烤盤 ◆ 刷子 ◆ 圓形花嘴 ◆ 塑膠擠花袋 ◆ 電動攪拌器
◆ 抹刀 ◆ 廚房紙巾 ◆ 麵包刀

作法

1 蛋糕捲烤盤或一般烤盤內鋪好烘焙紙或烤盤布。烘焙紙對折出一條對角線折痕，之後沿著折痕擠對角線會比較容易。

2 水蜜桃削皮並挖掉中心的核。製作浸泡水蜜桃的糖液，水、白砂糖一起煮至沸騰，靜置放涼，倒入櫻桃白蘭地和檸檬汁拌勻。水蜜桃切成半月形厚片，放入調好的糖液中浸泡，再放入冰箱冷藏2～3小時。

3　製作脆皮蛋糕。全蛋的蛋白和蛋黃分開盛裝，先打發蛋白霜。取一個調理盆，放入蛋白，用電動攪拌器打出大氣泡後，持續攪拌並將砂糖分3～4次加入，打發成乾性發泡蛋白霜，拉起打發好的蛋白霜會呈錐狀挺立。

4　蛋黃打散後，倒入蛋白霜中，用刮刀輕柔地翻拌均勻。再篩入低筋麵粉、玉米粉、紅茶粉，用刮刀順著調理盆的弧度由底部往上，輕柔地翻拌均勻，完成脆皮蛋糕麵糊。

5　口徑1cm的圓形花嘴和擠花袋組裝好，裝入拌好的麵糊。取出鋪好烘焙紙的蛋糕捲烤盤，用麵糊沿著之前折好的對角線折痕擠出一條對角線，再接著擠出一條條與對角線並排的麵糊。擠好之後，麵糊表面用網篩撒上2次糖粉。放入以180℃預熱好的烤箱，烤10～13分鐘。

6　脆皮蛋糕烤好，立刻脫模並靜置冷卻。脆皮蛋糕冷卻後，盡快做好內餡，捲成蛋糕捲。若沒有馬上要捲，記得用塑膠袋套起來，因為脆皮蛋糕接觸空氣太久會變得很乾，捲的時候，表皮很容易碎裂。

7　製作乳酪餡。馬斯卡彭乳酪放入調理盆，稍微打散之後，放入砂糖拌勻，再倒入少許鮮奶油攪拌均勻，下方墊一盆冰塊水，維持冷度，剩餘的鮮奶油倒入乳酪餡中，以電動攪拌器打發。

8　乳酪餡攪拌出紋路，刮入香草籽，倒入櫻桃白蘭地，繼續攪打至全打發，呈硬挺且不會流動的狀態，完成乳酪餡。

9　桌面鋪一張新的烘焙紙，脆皮蛋糕表面朝下放置，浸泡過水蜜桃的糖液塗刷在脆皮蛋糕內層，使其濕潤。

10　打發好的乳酪餡用抹刀塗抹在脆皮蛋糕內層，蛋糕捲中心部位的乳酪餡可以抹厚一點，末端保留1cm不要塗抹，再放上水蜜桃（糖液要擦乾）排成三列。

11　用手抓著烘焙紙，像捲壽司一樣，將抹好乳酪餡的脆皮蛋糕捲成圓筒狀。若有剩餘的乳酪餡，用抹刀填滿蛋糕捲兩側。

12　做好的蛋糕捲不要直接切，放入冰箱冷藏30分鐘，再取出切片品嘗。切蛋糕捲的刀子先用熱水燙過並擦乾水分，切出來的蛋糕捲斷面就會很乾淨漂亮。

紅絲絨杯子蛋糕

材料中的奶油、奶油乳酪,烘焙前務必先放常溫退冰,軟化之後再使用。
製作時,這些材料若是冰涼的凝固狀態會結塊,很難攪拌均勻。
雞蛋也要預先從冰箱取出,退冰至常溫狀態再使用,冰涼狀態很難拌入奶油中。

材料

份量〈 杯型烤模，10杯

食材〈　◆ 奶油80G　◆ 白砂糖100G　◆ 鹽少許　◆ 全蛋1個　◆ 蛋黃1個
　　　　◆ 香草籽少許　◆ 低筋麵粉140G　◆ 無糖可可粉10G　◆ 泡打粉3G
　　　　◆ 小蘇打粉1G　◆ 白脫奶100G　◆ 食用醋（白酒醋）10G
　　　◆ 紅色食用色素（本食譜使用惠爾通色膏正紅色）5G
　◆ 酪糖霜：奶油乳酪150G、奶油60G、糖粉150G、動物性鮮奶油20G

工具〈
　　　◆ 調理盆　◆ 電動攪拌器（打蛋器）　◆ 橡皮刮刀　◆ 擠花袋　◆ 杯型烤模
　　　◆ 烘焙紙杯　◆ 抹刀　◆ 網篩

作法

1　常溫軟化的奶油放入調理盆，奶油稍微打散後，加入砂糖和鹽，攪打到奶油顏色泛白，
　　倒入全蛋和蛋黃，攪打到蛋液完全融入奶油中。

2　加入香草籽和食用色素拌勻，再倒入1/2白脫奶攪拌均勻。

3　低筋麵粉、可可粉、泡打粉、小蘇打粉一起倒入網篩中，先篩1/2到奶油中，用橡皮刮刀翻拌均勻，再加入剩餘的白脫奶和粉類食材，全部一起翻拌均勻。

4　加入食用醋（白酒醋）拌勻。拌好的麵糊裝入塑膠擠花袋，方便之後填裝麵糊時更整潔乾淨。

5　杯型烤模中鋪上烘焙紙杯，擠入麵糊，每杯約紙杯的6～7分滿即可。放入以170℃預熱好的烤箱，烤25～30分鐘。烤好後，杯子蛋糕脫模，放置在冷卻架上降溫。

6　製作乳酪糖霜。常溫軟化的奶油乳酪放入調理盆，稍微打散後，加入常溫軟化的奶油，一起攪拌均勻。

7 倒入糖粉攪拌，此時若直接用電動攪拌器攪拌，糖粉很容易飛散四濺，請先用橡皮刮刀
稍微拌勻，再用電動攪拌器攪拌均勻。加入鮮奶油一起攪拌均勻，完成乳酪糖霜。

8 乳酪糖霜厚厚地塗抹在冷卻好的杯子蛋糕上，用抹刀抹平乳酪糖霜頂部，旋轉杯子蛋
糕，將側面也抹平。也可以依據個人喜好，用乳酪糖霜裝飾成自己喜歡的造型。

9 製作裝飾用的蛋糕細屑。切下少許杯子蛋糕，放在網篩上摩擦並篩成蛋糕細屑。

10 蛋糕細屑撒在乳酪糖霜上當作裝飾，完成。

2-6 香草千層蛋糕

千層蛋糕的薄餅要煎得愈薄愈好，疊出來的層次愈多，吃起來愈美味。
一般家庭大都沒有煎薄餅的專用煎盤，可以使用不沾平底鍋來煎薄餅，
倒入麵糊後要搖晃鍋子，使麵糊均勻擴散成薄片。

材料

份量 直徑18CM平底鍋，19片

食材 ◆ 融化奶油少許

◆ 薄餅麵糊：低筋麵粉110G、全蛋3個、白砂糖50G、牛奶370G、融化奶油20G、鹽少許、香草籽少許

◆ 乳酪餡：動物性鮮奶油250G、馬斯卡彭乳酪125G、白砂糖48G、香草莢¼根

◆ 其他：融化奶油少許

工具

◆ 調理盆 ◆ 電動攪拌器 ◆ 打蛋器 ◆ 橡皮刮刀 ◆ 平底鍋 ◆ 筷子 ◆ 保鮮膜
◆ 廚房紙巾 ◆ 不鏽鋼托盤 ◆ 抹刀 ◆ 蛋糕旋轉台

作法

1 製作薄餅麵糊。低筋麵粉、砂糖、鹽一起篩入調理盆中，加入全蛋，用打蛋器攪拌至沒有殘餘麵粉。牛奶不要一次全部倒入，以少量多次的方式，分次加入麵糊中，攪拌均勻。

1-1

1-2

2　加入香草籽和融化奶油一起攪拌均勻，完成薄餅麵糊。薄餅麵糊會比一般麵糊稀一點，
　　煎出來的薄餅才會薄。

3　不沾平底鍋以中火預熱，用廚房紙巾在平底鍋內面擦上薄薄一層融化奶油。倒入麵糊，
　　煎成薄餅，每30g麵糊可以煎出一片直徑17～18cm的薄餅，第一面大約要煎1分30秒，
　　煎熟之後，用筷子將薄餅翻面，再煎20～30秒，煎熟另一面。

4　準備一個不鏽鋼托盤，鋪一張廚房紙巾，再準備一張保鮮膜。煎好的薄餅堆疊放入托盤
　　內，用保鮮膜覆蓋，保持濕潤。薄餅都煎好後，整齊堆疊好，靜置冷卻。

5 製作乳酪餡。常溫軟化的馬斯卡彭乳酪放入調理盆，使用電動攪拌器將奶油稍微打散後，加入砂糖和香草籽拌勻。加入1/3鮮奶油，先和乳酪一起拌勻。

6 再倒入剩餘的鮮奶油，下方墊一盆冰塊水，維持冷度。乳酪餡打發至開始出現紋路，具有濃厚流質感，完成乳酪餡。

7 取一片薄餅放在蛋糕旋轉台上，用抹刀抹一層比薄餅稍微厚一點乳酪餡，再鋪一層薄餅，重複此動作，將薄餅和乳酪餡堆疊成千層蛋糕，完成。

蜂蜜蛋糕

蛋糕放入烤箱，每烤1～2分鐘攪拌一下麵糊，
可以消除麵糊中的大氣泡，讓蛋糕均勻膨脹。
雖然步驟有點繁瑣，但是確實攪拌的話，烤出來的蜂蜜蛋糕才會細緻綿軟。
材料中的高筋麵粉也可以用低筋麵粉替代，製作出來的蜂蜜蛋糕口感會更輕柔。

材料

份量 〈 20cm×10cm×8.5cm蜂蜜蛋糕木框，1個

食材 〈 ◆ 全蛋170g ◆ 蛋黃30g ◆ 白砂糖100g ◆ 海藻糖30g ◆ 蜂蜜25g
◆ 味醂10g ◆ 水15g ◆ 葡萄籽油30g ◆ 高筋麵粉100g

工具 〈 ◆ 調理盆 ◆ 打蛋器 ◆ 電動攪拌器 ◆ 橡皮刮刀 ◆ 蜂蜜蛋糕專用木框
◆ 烤盤墊或烤盤布 ◆ 廚房紙巾（或報紙） ◆ 烤盤、保鮮膜 ◆ 烘焙紙
◆ 鍋子 ◆ 網篩

作法

1　準備蜂蜜蛋糕木框。取2個烤盤重疊在一起，取4張廚房紙巾或報紙重疊放在烤盤上，再放上烤盤墊或烤盤布，最後放上蜂蜜蛋糕木框，並依照木框的大小剪裁好烘焙紙鋪入木框內。

2　煮一鍋隔水加熱用的熱水。蜂蜜、味醂、水裝入小容器中，隔水加熱並拌勻，加入麵糊之前，放在熱水中保持溫度，備用。

3　全蛋、蛋黃放入調理盆，用打蛋器打散後，加入砂糖和海藻糖，調理盆下方墊一盆熱水，隔水加熱。

4　用打蛋器持續攪拌至砂糖顆粒融化，用手指沾取蛋液，若蛋液溫度變熱，即可拿開下方墊的熱水盆。

5　使用電動攪拌器，以高速攪打蛋液，蛋液顏色開始變白且出現泡沫時，事先加熱好的蜂蜜、味醂、水以少量多次的方式加入一起攪拌，葡萄籽油也一樣以少量多次的方式加入一起拌勻。

6　蛋液泡沫變細緻時，慢慢降低電動攪拌器的轉速，依序用高速→中速→低速，使蛋液泡沫呈現細緻光滑。打發完成的蛋液泡沫滑落時要能拉出之字或緞帶狀的紋路，停留在表面。

7　篩入高筋麵粉，用打蛋器由調理盆底部由下往上翻攪均勻，沒有殘餘麵粉之後，用橡皮刮刀再翻拌均勻一次。

8　調理盆拿高，距離桌面約20cm，由高處將麵糊倒入準備好的蜂蜜蛋糕木框內。麵糊表面抹平，放入以180℃預熱好的烤箱烘烤。

9　在180℃的烤箱烘烤1～2分鐘後，打開烤箱，用刮刀快速將麵糊翻攪一次。再烘烤1～2分鐘之後，打開烤箱，快速翻攪麵糊一次。再烘烤1分鐘，打開烤箱，攪拌最後一次。烤箱溫度調降至150～160℃，烘烤15～20分鐘。

10　烤15分鐘之後，表面呈現淺褐色時，在木框模上方蓋一張烤盤布，並取一個烤盤正面朝下，壓在烤盤布上方，再烘烤20分鐘。這樣烤出來的蜂蜜蛋糕表面才會平坦。若喜歡蛋糕維持自然烘烤出來的弧度，也可以不蓋烤盤布和烤盤，直接烘烤。

11　蜂蜜蛋糕烤好後，連同烤盤一起取出，在桌面敲幾下，使熱氣快速散去。拿掉木框，馬上用耐熱保鮮膜包裹好蜂蜜蛋糕，蛋糕底部朝上，靜置冷卻。

12　蜂蜜蛋糕充分冷卻後，拿掉包裹的保鮮膜和烘焙紙，用麵包刀切成厚片狀，即可食用。

紐約乳酪蛋糕

烘烤紐約乳酪蛋糕，建議使用一體成型的圓形烤模，
若使用底部可分離的烤模，要用鋁箔紙包裹好烤模底部，避免烘烤時底盤的水滲入。
烤好的紐約乳酪蛋糕靜置冷卻後，放入冰箱冷藏，冰涼了再品嘗，風味更佳。

MONTPARNASSE

材料

份量〉 直徑15CM圓形烤模，1個

食材〉 ◆ 奶油乳酪300G ◆ 無糖原味優格200G ◆ 動物性鮮奶油55G
◆ 白砂糖90G ◆ 全蛋2個 ◆ 檸檬汁10G ◆ 香草莢¼根 ◆ 玉米粉15G
◆ 餅乾底：市售消化餅乾80G、奶油20G

工具〉
◆ 調理盆 ◆ 電動攪拌器（或打蛋器） ◆ 橡皮刮刀 ◆ 烘焙紙（或油紙）
◆ 圓形烤模 ◆ 隔水加熱用深烤盤或不鏽鋼托盤 ◆ 擀麵棍 ◆ 夾鏈袋 ◆ 網篩

作法

1　消化餅乾放入夾鏈袋，用擀麵棍壓碎消化餅乾，再將常溫軟化奶油放入夾鏈袋，與餅乾屑一起搓揉混合。

2　混合好的奶油和餅乾屑倒入鋪好烘焙紙的圓形烤模，用刮刀鋪平並按壓緊實後，放入冰箱冷藏備用。

3　調理盆中放入常溫軟化的奶油乳酪，用刮刀稍微拌開。奶油乳酪要記得預先放在常溫中退冰軟化，或是放入微波爐稍微加熱，軟化後再使用。

4　加入無糖原味優格和砂糖一起拌勻。

5　全蛋打散，以少量多次的方式加入奶油乳酪中一起攪拌均勻，再加入香草籽和檸檬汁拌勻。

6　篩入玉米粉拌勻，再倒入鮮奶油攪拌均勻。

7　從冰箱取出鋪好餅乾屑的圓形烤模，倒入乳酪糊。取一個深烤盤或是不銹鋼托盤，倒入熱水。烤模放入裝有熱水的深烤盤中，一起放入以150℃預熱好的烤箱，烤1小時。乳酪蛋糕烤好後，連同烤模一起靜置冷卻，放入冰箱冷藏，食用前再將乳酪蛋糕脫模。

焦糖冰淇淋

焦糖替換成融化巧克力，就能製作成巧克力冰淇淋。
可以嘗試變化不同材料，製作自己喜愛的冰淇淋。

材料

份量 〈 2人份

食材 〈
◆ 泡焦糖醬：動物性鮮奶油150g、白砂糖130g、水15g
◆ 冰淇淋：牛奶450g、香草莢½根、白砂糖80g、蛋黃5個、動物性鮮奶油100g、
焦糖醬100g

工具 〈
◆ 調理盆 ◆ 打蛋器 ◆ 網篩 ◆ 鍋子 ◆ 耐熱刮刀 ◆ 密封容器 ◆ 叉子

作法

1　製作焦糖醬。砂糖和水倒入鍋中，以小火或中火加熱
至焦糖化，變成褐色。取另一個鍋子，將鮮奶油加熱
至鍋緣冒泡。

2　砂糖開始融化的階段若過度攪拌，很容易形成結晶，因此砂糖融化的時候，盡量不要去
攪動它，直接放著煮至成褐色焦糖。

3　關火，加熱好的鮮奶油慢慢倒入焦糖中，用耐熱刮刀攪拌均勻，完成焦糖醬。煮好的焦
糖醬裝入乾淨的玻璃罐，靜置冷卻。

4　製作冰淇淋。牛奶、動物性鮮奶油、香草籽放入鍋中，加熱至鍋緣冒泡。取一個調理盆，放入蛋黃打散，再放入砂糖，用打蛋器打發成鵝黃色細緻泡沫後，慢慢倒入加熱好的牛奶和鮮奶油，攪拌均勻。

5　蛋奶液倒回鍋中，以中小火加熱，用耐熱刮刀以畫8字的方式緩慢持續地攪拌，變得有些濃稠，溫度達到83～84℃即可關火，完成英式蛋奶醬。用刮刀舀起蛋奶醬再用另一把刮刀刮出一條痕跡，若痕跡清楚且維持不變，就表示達到所需的濃稠度。

6　使用網篩過濾，煮好的蛋奶醬倒入調理盆，加入自製的焦糖醬攪拌均勻後，靜置冷卻。

7　冷卻的焦糖蛋奶醬裝入有蓋子的密封容器，放入冰箱冷凍。冰淇淋結冰至80%凝固後，從冰箱取出，用叉子刮成鬆散狀，再放回冰箱。冰淇淋完全凝固前，重複取出刮鬆的動作，大約3次，再放入冰箱冷凍保存，完成。

2-10 椰香司康

司康出爐後,馬上品嘗是最美味的時候。
若是隔天或幾天後才吃,食用前請用微波爐或烤箱稍微加熱一下。
司康搭配酸酸甜甜的果醬和凝脂奶油一起品嘗最對味。

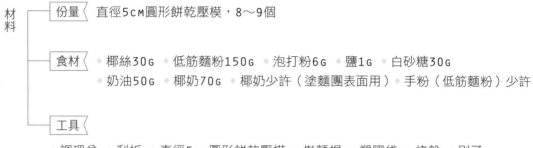

材料

份量 直徑5cm圓形餅乾壓模，8～9個

食材 ◆ 椰絲30G ◆ 低筋麵粉150G ◆ 泡打粉6G ◆ 鹽1G ◆ 白砂糖30G
◆ 奶油50G ◆ 椰奶70G ◆ 椰奶少許（塗麵團表面用）◆ 手粉（低筋麵粉）少許

工具 ◆ 調理盆 ◆ 刮板 ◆ 直徑5cm圓形餅乾壓模 ◆ 擀麵棍 ◆ 塑膠袋 ◆ 烤盤 ◆ 刷子

作法

1　低筋麵粉、泡打粉、鹽、砂糖篩入調理盆，放入椰絲，用刮板攪拌一下，再將冰涼的奶油切小塊，加入調理盆，用刮板反覆剁切奶油，使奶油與粉類食材均勻混合。

2　奶油變得細碎且均勻裹上麵粉後，椰奶倒入麵粉中央，用刮板刮拌均勻，成為團狀。

3　麵團用塑膠袋包好，用手掌稍微壓平，放入冰箱冷藏鬆弛30分鐘。

4　工作檯撒一些手粉，取出鬆弛好的麵團，用刮板對切成兩半，兩塊麵團上下相疊後，用擀麵棍擀成長條狀。

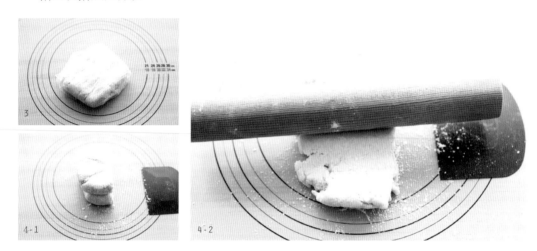

5　麵團再對切成兩半，再次上下相疊後，用擀麵棍擀平。

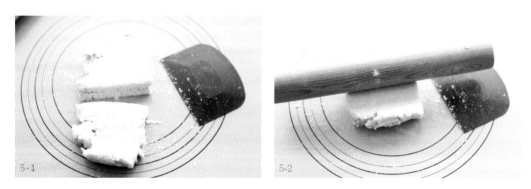

6　麵團擀成2cm厚，用圓形餅乾壓模壓成小圓形麵團，排列在烤盤上，椰奶塗刷在麵團表面。放入以180℃預熱好的烤箱，烤18～20分鐘，完成。

抹茶白巧克力脆皮蛋糕捲

這道食譜的內餡使用白巧克力製作成抹茶甘納許內餡，也可以用抹茶鮮奶油霜替代，
在冰涼的鮮奶油中加入10%的砂糖和抹茶粉，打發成鮮奶油霜即可。

材料

份量 〈 25cmX35cm烤盤，1個

食材 〈

◆ 抹茶脆皮蛋糕：蛋白140G、白砂糖35G、糖粉80G、杏仁粉80G、低筋麵粉
　25G、抹茶粉8G、糖粉少許
◆ 抹茶甘納許內餡：調溫白巧克力100G、動物性鮮奶油250G、抹茶粉5G

工具 〈

◆ 調理盆　◆ 電動攪拌器　◆ 網篩　◆ 橡皮刮刀　◆ 擠花袋　◆ 圓形花嘴
◆ 烘焙紙或油紙　◆ 抹刀　◆ 鍋子　◆ 麵包刀

作法

1　製作甘納許內餡（白巧克力甘納許）。白巧克力隔水加熱融化；鮮奶油加熱至鍋緣冒
　泡。融化的白巧克力和加熱過的鮮奶油混合，靜置放涼後，用保鮮膜封好，放入冰箱冷
　藏一個晚上或半天，冰涼後再進行後續作業。

2　製作脆皮蛋糕。取一個調理盆，放入蛋白，用電動攪拌器打出大氣泡後，先放入一半的
　砂糖，持續攪打蛋白，再將剩餘的砂糖分2次加入，打發成乾性發泡蛋白霜，拉起打發
　好的蛋白霜會呈錐狀挺立。

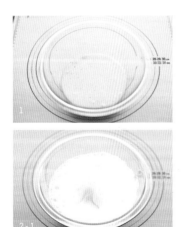

3　篩入糖粉、杏仁粉、低筋麵粉、抹茶粉，用刮刀順著調理盆的弧度由底部往上，輕柔地翻拌均勻，完成脆皮蛋糕麵糊。口徑1cm的圓形花嘴和擠花袋組裝好，裝入拌好的麵糊。

4　取出鋪好烘焙紙的烤盤，用麵糊擠出一條條並排且接連的直線。擠好之後，麵糊表面用網篩撒上2次糖粉。

5　放入以180℃預熱好的烤箱，烤10分鐘。脆皮蛋糕不需要烤太久，若烘烤過久，很容易烤焦、碎裂。脆皮蛋糕烤好，立刻脫模並放置在冷卻架上降溫，冷卻後要馬上塗抹內餡。

6　取出冷藏半天的白巧克力甘納許，加入抹茶粉一起打發，成為硬挺的乳霜狀。

7　工作檯鋪一張新的烘焙紙，脆皮蛋糕表面朝下放置，脆皮蛋糕內層塗滿抹茶甘納許內餡，蛋糕捲中心部位可以抹厚一點，末端保留1cm不要塗抹。

8　用手抓著烘焙紙，像捲壽司一樣，將脆皮蛋糕捲成圓筒狀，放入冰箱冷藏30分鐘以上。取出冰好的脆皮蛋糕捲，切除兩端，使斷面看起來更整齊，用蛋糕裝飾物點綴，完成。

海鹽焦糖馬卡龍

2-12

這道食譜的內餡是先做好焦糖醬，再和奶油一起打發，製作成奶油焦糖餡。
焦糖醬也可以直接當抹醬用或當作禮物送人。
製作好後，記得裝入乾淨的玻璃瓶，放入冰箱冷藏保存。

材料

份量〉 夾入內餡的馬卡龍20～22個

食材〉

◆ 馬卡龍：蛋白55g、白砂糖40g、蛋白粉（可省略）1g、杏仁粉60g、糖粉
  90g、食用色素（咖啡色與金黃色）少許
◆ 奶油焦糖餡：白砂糖50g、透明玉米糖漿（透明麥芽糖）25g、動物性鮮奶油
  75g、法國鹽之花（天日鹽）1g、奶油15g、最後打發用的奶油70g

工具〉

◆ 鍋子 ◆ 耐熱刮刀 ◆ 網篩 ◆ 調理盆 ◆ 打蛋器 ◆ 電動攪拌器 ◆ 烤盤 ◆ 烤盤墊
◆ 食物調理機（食物料理棒） ◆ 刮板 ◆ 圓形花嘴 ◆ 塑膠擠花袋

作法〉

1 製作焦糖。砂糖和玉米糖漿放入鍋中，以中小火慢慢熬煮砂糖。取另一個鍋子，放入鮮
   奶油和鹽之花加熱，煮至鍋緣冒泡後，關火。

2 砂糖和玉米糖漿熬煮至焦糖化，顏色變成淺咖啡色時，加熱好的鮮奶油慢慢加入，用耐
   熱刮刀攪拌均勻。

3 關火，放入常溫軟化的奶油，攪拌均勻。

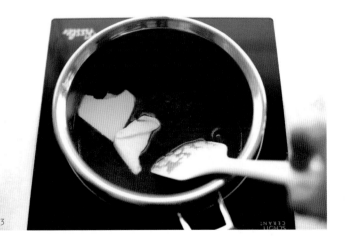

4 裝入保存容器，靜置充分降溫。

5 製作馬卡龍。馬卡龍材料中的杏仁粉和糖粉放入食物調理機攪打一下，使更細緻並混合均勻。倒出攪打好的杏仁粉和糖粉，過篩2次備用。

6 調理盆中放入蛋白和蛋白粉，用電動攪拌器打出蓬鬆的大氣泡後，加入一半的砂糖，繼續打發蛋白。

7 剩餘的砂糖分2次加入，蛋白打發到出現紋路，成為濕性發泡蛋白霜時，加入少許咖啡色食用色素以及少量金黃色食用色素，攪拌均勻。

8 調成想要的顏色後，再攪拌一下，打發成乾性發泡蛋白霜。色素的用量可以依據個人喜歡的顏色調整。

9 倒入杏仁粉和糖粉，用刮刀翻拌均勻。

10 使用刮板，微微施壓，將麵糊刮拌開來。

11 反覆刮拌至麵糊變得滑順有光澤。

12 若刮拌太久，麵糊會變得很稀，刮拌到一定程度時，麵糊拉出緞帶般的交疊紋路，若紋路能停留在麵糊表面，很緩慢才消失，即表示完成。若麵糊刮拌得太稀，擠出來的馬卡龍麵糊會整個攤平，烘烤出來的馬卡龍會呈扁平狀，不會膨脹。

13 口徑0.8cm～1cm的圓形花嘴與擠花袋組裝好，裝入拌好的麵糊。

14 麵糊擠在鋪有烤盤墊的烤盤上，每個馬卡龍麵糊的直徑約3cm，並保留適當間距，烘烤膨脹時才不會沾黏在一起。用手在烤盤底部拍幾下，使麵糊稍微擴散，放置常溫30分鐘～1小時，讓表面乾燥。用手觸摸麵糊表面，不會黏手即表示乾燥完成。放入以160℃預熱的烤箱，溫度調降至130℃，烘烤15分鐘，烤好拿掉烤盤，連同烤盤墊一起放在冷卻架上降溫。

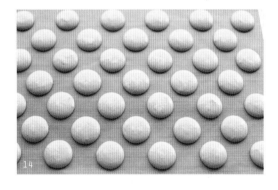

15 製作奶油焦糖餡。調理盆中放入常溫軟化的奶油，用打蛋器打散。

16 充分冷卻的焦糖醬分3次加入奶油中，一起打發。

17 奶油和焦糖醬打發至顏色稍微泛白，成為淺咖啡色的蓬鬆奶油焦糖餡。

18 圓形花嘴和擠花袋組裝好，裝入奶油焦糖餡。

19 大小相似的馬卡龍兩兩一組準備好，在其中一片馬卡龍的底部擠上奶油焦糖餡，再覆蓋另一片馬卡龍，夾住內餡，完成海鹽焦糖馬卡龍。

POINT：想要擠出來的馬卡龍大小一致，可以取一張跟烤盤一樣大的紙，用筆先畫好想要的馬卡龍大小和間距，鋪入烤盤中，再鋪上透明的烤盤墊，看著烤盤墊下方的紙樣就能擠出大小一致的整齊麵糊。擠好麵糊，記得先抽出紙樣，再放入烤箱烘烤。

2-13

地瓜餅乾

製作餅乾麵團時，使用食物調理機可以更快速便利。
沒有食物調理機也可以直接用手揉製。

材料

份量 〈 長3cm，35～40個

食材 〈 ◆ 奶油80g ◆ 白砂糖60g ◆ 鹽少許 ◆ 熟地瓜180g ◆ 低筋麵粉120g
◆ 玉米粉10g ◆ 蛋黃2個 ◆ 黑芝麻少許

工具 〈 ◆ 食物調理機（或食物料理棒）、調理盆、烤盤、小湯匙

POINT：請完全冷卻後再使用。

作法

1　預先烤熟或蒸熟地瓜。

2　食物調理機中放入低筋麵粉、玉米
粉、砂糖、鹽，稍微攪打均勻。
再將奶油切小塊放入，快速攪打一
下，使呈砂粒狀。

3　放入蛋黃和冷卻的熟地瓜攪打一下，材料開始聚集成粗略的團狀即可。若攪打太久，烤出來的餅乾會很硬。

4　使用兩支小湯匙為餅乾塑形。用湯匙舀一匙麵團，另一支湯匙先將麵團按壓成湯匙的一半大小，再將另一面也按壓平整，成為有稜線的橄欖球形狀。

5　若餅乾太大，就需要較長時間烘烤，因此做成剛好一口大小即可。

6　塑形好的餅乾麵團整齊排列在烤盤上，撒上黑芝麻。放入以170℃預熱好的烤箱，烤20～25分鐘，完成。

 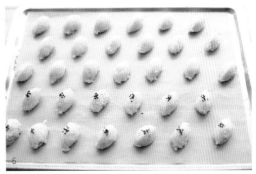

黑糖瑪德蓮

請使用沖繩黑糖，沖繩黑糖是使用蔗糖汁液熬煮而成的非精製砂糖，
用於烘焙可以感受其特有風味及香氣。
沒有沖繩黑糖，請選用無添加糖蜜的非精製黑糖。

材料
- 份量〈 一般瑪德蓮尺寸，18～20個
- 食材〈
  - ◆ 全蛋2個　◆ 沖繩黑糖100G　◆ 鹽少許　◆ 奶油120G　◆ 蜂蜜20G
  - ◆ 動物性鮮奶油（可用牛奶替代）30G　◆ 低筋麵粉120G　◆ 泡打粉3～4G
  - ◆ 另外放入麵糊中的沖繩黑糖塊15～20G（沒有的話可以省略）
  - ◆ 塗刷烤模的奶油少許許
- 工具〈
  - ◆ 調理盆　◆ 打蛋器　◆ 鍋子　◆ 瑪德蓮烤模　◆ 刷子　◆ 橡皮刮刀
  - ◆ 刀子　◆ 擠花袋

作法

1　瑪德蓮烤模內，用刷子塗上薄薄一層奶油。製作麵糊的奶油先隔水加熱融化後，加入蜂蜜拌勻。有沖繩黑糖塊的話，用刀子稍微切成小塊（沒有則可以省略）。

2　預先放置常溫退冰的全蛋打入調理盆，加入黑糖和鹽，用打蛋器攪拌至黑糖融化，加入鮮奶油一起攪拌均勻。

3　取另一個調理盆，篩入低筋麵粉和泡打粉，黑糖蛋液分2次加入麵粉中拌勻，再倒入混合的融化奶油和蜂蜜，攪拌均勻。

4　切成小塊的黑糖塊放入麵糊中（可省略）。拌好的麵糊裝入擠花袋，填入瑪德蓮烤模，每個麵糊高約9分滿即可。放入以200℃預熱好的烤箱，再將溫度調低至180℃，烤10～12分鐘，完成。

2-15 三色大理石費南雪

可以試試看加入火龍果粉、南瓜粉等各種天然食用粉類，製作成不同顏色的費南雪。
製作費南雪時，請留意蛋白不要打得太發。費南雪講求的是扎實飽滿的口感，
若打得太發，烤出來的費南雪會很蓬鬆，不扎實，因此打蛋白時，只要打散蛋白即可。

材料

份量	一般費南雪尺寸，10〜12個	
食材	◆ 蛋白115g ◆ 白砂糖120g ◆ 鹽少許 ◆ 香草籽少許 ◆ 奶油120g ◆ 低筋麵粉35g ◆ 玉米粉5g ◆ 杏仁粉45g ◆ 可可粉6g ◆ 抹茶粉（綠茶粉）3g ◆ 塗刷烤模的奶油少許	
工具	◆ 調理盆 ◆ 打蛋器 ◆ 鍋子 ◆ 費南雪烤模 ◆ 刷子 ◆ 網篩 ◆ 塑膠擠花袋	

作法

1 奶油放入鍋中，開中火煮到顏色變成淺咖啡色，成為具有榛果香的焦化奶油。煮好的焦化奶油用網篩過濾，去掉其中的雜質，備用。費南雪烤模用刷子塗上薄薄一層奶油後，放入冰箱冷藏。

2 取一個調理盆，放入蛋白，用打蛋器打散，倒入砂糖和鹽攪拌，砂糖融化後，刮入香草籽（可省略），再將低筋麵粉、杏仁粉、玉米粉一起篩入蛋白中，攪拌均勻。

3 焦化奶油分2次加入麵糊中，拌勻成為原味麵糊。

4 製作三色麵糊。取2個調理盆，分別倒入130〜135g原味麵糊，剩餘的原味麵糊直接裝入擠花袋。分好的2盆麵糊分別篩入抹茶粉和可可粉，攪拌均勻後，裝入擠花袋。

5 取一個尺寸較大的塑膠擠花袋，3種麵糊連同擠花袋一起裝入大擠花袋，剪開擠花袋前端。費南雪烤模從冰箱取出，擠入三色麵糊。放入以180℃預熱好的烤箱，烤10〜13分鐘。費南雪烤好後，立即脫模，放置在冷卻架上降溫，完成。

2-16 基礎鬆餅

煎鬆餅的平底鍋不要放太多油，用廚房紙巾抹油後擦拭即可。
想要煎出來的鬆餅顏色漂亮均勻，關鍵是只能翻一次面，
翻太多次，鬆餅的顏色會變花有斑點。
加入麵糊中的奶油可以用食用油替代，或是直接省略也沒關係。

材料

份量〉 直徑10cm，8片

食材〉 ◆ 全蛋1個 ◆ 白砂糖20g ◆ 鹽少許 ◆ 融化奶油10g ◆ 低筋麵粉100g
◆ 玉米粉5g ◆ 泡打粉5g ◆ 牛奶100g ◆ 食用油少許 ◆ 奶油少許
◆ 楓糖少許 ◆ 乳酪或鮮奶油霜少許

工具〉 ◆ 調理盆 ◆ 打蛋器 ◆ 湯勺 ◆ 不沾平底鍋 ◆ 網篩 ◆ 廚房紙巾

作法

1　奶加入麵糊中的奶油先放入微波爐或隔熱水加熱融化，備用。取一個調理盆，放入全蛋打散，再放入砂糖、鹽，攪拌至砂糖融化後，倒入牛奶，攪拌均勻。

2　篩入低筋麵粉、玉米粉、泡打粉，攪拌均勻後，倒入融化好的奶油拌勻，完成麵糊。

3　不沾平底鍋以中火預熱。廚房紙巾沾取食用油，擦拭平底鍋內部。用湯勺舀適量麵糊，倒入平底鍋，用小火或中火煎熟底面。

4　煎鬆餅時，只能翻一次，不要一直反覆翻面。先煎第一面，等麵糊頂部出現許多氣泡時，翻面，煎熟另一面即可。剛煎好的鬆餅，放上一塊奶油，淋上楓糖就很好吃，搭配鮮奶油霜和馬斯卡彭乳酪也非常美味。

2-17 檸檬薑片汽水

貯存的玻璃瓶要在煮沸的熱水中煮一下，殺菌消毒。
若不煮沸，先用熱水沖洗一下瓶內，再噴灑食用酒精，徹底消毒後再使用。

材料

份量〈 貯存用玻璃瓶，1L

食材〈

◆ 調製果汁飲品：冰塊、汽水

◆ 糖漬檸檬生薑片：小顆檸檬5顆、白砂糖500G、薑100G、小蘇打粉或粗鹽適量

工具〈 ◆ 貯存糖漬檸檬生薑的玻璃容器 ◆ 鍋子

作法

1 檸檬先用清水洗滌之後，用小蘇打粉或粗鹽搓洗檸檬表皮，煮一鍋熱水，放入檸檬，稍微煮一下，再放入冷水中浸泡並搓洗乾淨。

2 薑用清水洗掉沾附的沙土，用湯匙刮掉薑的表皮，並清洗乾淨。處理好的檸檬和薑切片，並挖除檸檬的籽。

3 以檸檬1顆：砂糖100g的比例放入玻璃瓶中糖漬。玻璃瓶先放入一些切好的檸檬片和薑片，鋪一層砂糖，再放入一些切好的檸檬片和薑片，再鋪一層砂糖，重複此步驟，材料層層裝入瓶中，最後頂部鋪滿剩餘砂糖，蓋上蓋子。

4 先在常溫中保存1天，讓砂糖融化，再放入冰箱冷藏3～4天，即可取出調製成果汁飲品。玻璃杯放入冰塊，舀入2匙糖漬檸檬生薑片，再倒滿汽水，攪拌均勻，完成。

草莓拿鐵

糖漬草莓的製作方法與果醬相同,但是砂糖用量比果醬少很多,
保存期限較短,請盡速食用完畢。想保存久一點,砂糖的份量要再增加一點。

材料

份量 2～3人份

食材

◆ 糖漬草莓：草莓300g、白砂糖90g、檸檬汁2小匙

◆ 調製草莓拿鐵（1人份）：糖漬草莓100g、牛奶150g、冰塊少許、新鮮草莓3顆

※盛裝的杯子較大，製作好的糖漬草莓可以分成兩等份，做成2杯草莓拿鐵。

工具 ◆ 鍋子、耐熱刮刀 ◆ 玻璃杯 ◆ 貯存玻璃容器

作法

1　草莓清洗乾淨，切對半，放入鍋中，並加入砂糖和檸檬汁，攪拌均勻。

2　以中小火熬煮，並用耐熱刮刀持續攪拌，草莓軟化後，用刮刀壓碎，大約煮15分鐘，成為有點濃稠的糖漬草莓。做好的糖漬草莓若不立即食用，請裝入用熱水燙過消毒的玻璃瓶中貯存。

POINT：表面浮出泡沫，請撈除。

3　調製草莓拿鐵用的3粒新鮮草莓各切成4等份。取一個玻璃杯，放入冷卻的糖漬草莓100g和切好的新鮮草莓。

4　糖漬草莓和新鮮草莓的份量可以依據個人喜好增減。最後放上冰塊，並倒入牛奶，完成。

覆盆子馬卡龍

製作馬卡龍用的蛋白，請在製作前1～2天先和蛋黃分開盛裝，
放入冰箱冷藏保存，並於製作前1～2小時從冰箱取出退冰。
製作內餡用的杏仁膏和奶油也請預先從冰箱取出軟化。

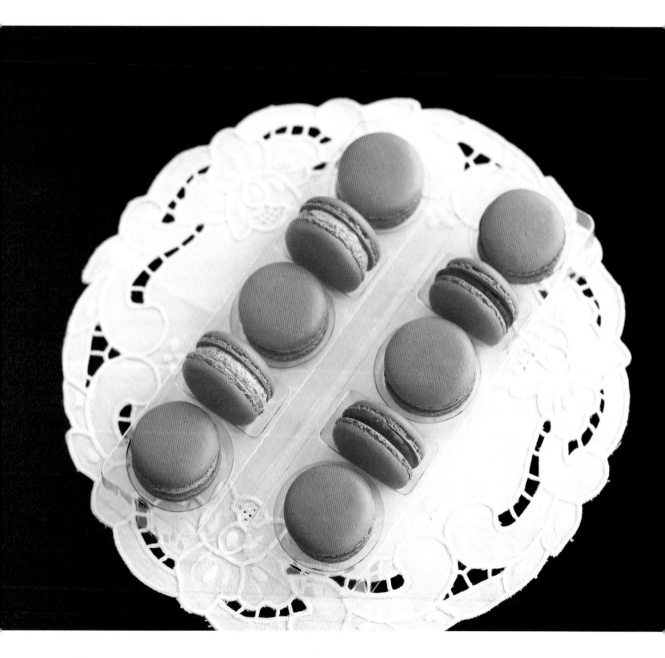

材料

份量 〉 夾有內餡的馬卡龍20～22個

食材 〉

◆ 馬卡龍餅殼：蛋白55g、白砂糖40g、蛋白粉1g（可省略）、杏仁粉60g、糖粉90g、玫瑰紅食用色素少許

◆ 覆盆子果泥：冷凍覆盆子200g、白砂糖25g、檸檬汁5g

◆ 覆盆子奶油餡：杏仁膏50g、奶油50g、覆盆子果泥40g、覆盆子香甜酒5g

◆ 覆盆子甘納許：調溫白巧克力80g、動物性鮮奶油20g、覆盆子果泥50g、奶油10g、覆盆子香甜酒3g

※內餡有覆盆子奶油餡和覆盆子甘納許2種口味，若2種內餡都做的話，請準備2份馬卡龍餅殼的材料。

工具 〉

◆ 鍋子 ◆ 耐熱刮刀 ◆ 網篩、調理盆 ◆ 打蛋器 ◆ 電動攪拌器 ◆ 烤盤 ◆ 烤盤墊
◆ 食物調理機（食物料理棒） ◆ 刮板、圓形花嘴 ◆ 塑膠擠花袋

作法

1　製作覆盆子果泥。雖然可以使用市售的覆盆子果泥，但是其實購買冷凍覆盆子製作成果泥也非常簡單。鍋中放冷凍覆盆子、砂糖、檸檬汁，攪拌均勻。

2　以中小火加熱，並持續攪拌。開始沸騰後，再煮5分鐘，煮的過程中若有泡沫浮出，請用湯匙撈除。果泥變得有點濃稠即可關火，靜置冷卻後再製作成內餡。

3　製作馬卡龍餅殼。馬卡龍材料中的杏仁粉和糖粉放入食物調理機攪打一下，使其更細緻並混合均勻。倒出攪打好的杏仁粉和糖粉，過篩2次備用。

4　調理盆中放入蛋白和蛋白粉，用電動攪拌器打出蓬鬆的大氣泡後，加入一半的砂糖，繼續打發蛋白。若直接將砂糖一次加入，太重的砂糖會壓破打出來的蛋白泡沫，就無法打發成蛋白霜。

5　剩餘的砂糖分2次加入，蛋白打發到出現紋路，成為濕性發泡蛋白霜時，加入少許玫瑰紅食用色素，攪拌均勻。

6　調成想要的顏色後，再攪拌一下，打發成乾性發泡蛋白霜。

7　倒入杏仁粉和糖粉，用刮刀翻拌均勻。

8　使用刮板，微微施壓，將麵糊刮拌開來。

9　此動作稱為Macaronage手法，可以適度地消除蛋白霜的泡沫，缺少刮拌麵糊這個過程，製作出來的馬卡龍會很粗糙，沒有光澤。但要注意，刮拌過久，麵糊變得太稀，擠出來的馬卡龍麵糊會整個攤平，烤出來的馬卡龍會呈扁平狀，不會膨脹。

10 反覆刮拌至麵糊變得滑順且有光澤。

11 麵糊拉出緞帶般的交疊紋路，若紋路能停留在麵糊表面，很緩慢才消失，即表示完成。

12 口徑0.8cm的圓形花嘴與擠花袋組裝好，裝入拌好的麵糊。這道食譜要製作直徑較小的馬卡龍，使用小口徑的花嘴，擠出來的馬卡龍形狀會比較漂亮，因此這裡不使用口徑1cm的花嘴。

13 麵糊擠在鋪有烤盤墊的烤盤上，每個馬卡龍麵糊的直徑約2.8～3cm，並保留適當間距，烘烤膨脹時才不會沾黏在一起。可以將畫有馬卡龍圓圈圖案的紙樣墊在烤盤墊下，就能依照圓圈的位置和大小輕鬆擠好麵糊，擠好後記得抽出紙樣。

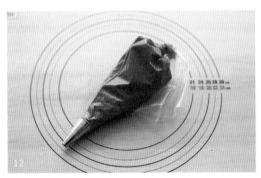 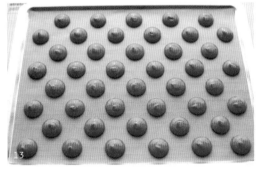

14 用手在烤盤底部拍幾下，使麵糊稍微擴散，放置常溫30分鐘～1小時，使表面乾燥。用手觸摸麵糊表面，不會黏手即表示乾燥完成。放入以160℃預熱的烤箱，溫度調降至130℃，烘烤15分鐘，烤好拿掉烤盤，連同烤盤墊一起放在冷卻架上降溫。

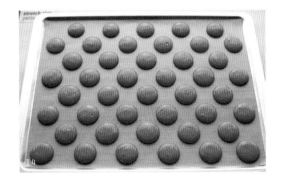

15 製作覆盆子奶油餡。調理盆中放入常溫的杏仁膏，用刮刀壓軟之後，分次放入常溫軟化的奶油，打發至顏色泛白。這階段杏仁膏可能不易拌開，可以先用刮刀攪拌至一定程度，改用打蛋器，打發杏仁膏和奶油。

16 加入覆盆子果泥拌勻，若沒有覆盆子果泥可以使用覆盆子果醬替代。

17 加入覆盆子香甜酒拌勻，完成覆盆子奶油餡。

18 小口徑的圓形花嘴和擠花袋組裝好，裝入拌好的覆盆子奶油餡。

19 製作覆盆子甘納許。白巧克力和鮮奶油隔水加熱融化。取另一個鍋子放入覆盆子果泥加熱至鍋緣冒泡後，加入融化好的白巧克力甘納許中拌勻，趁熱加入奶油和覆盆子香甜酒一起攪拌均勻。花嘴和擠花袋組裝好，裝入拌好的覆盆子甘納許。

20 馬卡龍餅殼充分降溫後，填入做好的覆盆子奶油餡或覆盆子甘納許。覆盆子甘納許剛做好時，還有餘溫，擠出來的餡料會有點稀，不好操作，請放入冰箱冷凍降溫一下，再取出使用。

21 填好內餡的馬卡龍請立即密封包裝好。想要馬卡龍保存比較久，請密封後放入冰箱冷凍保存，要吃再放常溫下解凍即可。從冰箱冷凍或冷藏取出的馬卡龍不要馬上食用，先放在常溫中退冰，回溫的馬卡龍才能品嘗到鬆脆餅殼與柔順內餡在嘴裡融合的美妙滋味。

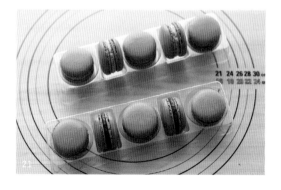

小熊杯子蛋糕

除了巧克力口味的小熊造型之外，也可以做成原味的小白兔杯子蛋糕。
製作時，材料中的可可粉替換成低筋麵粉，製作成原味海綿蛋糕，
巧克力甘納許材料中的巧克力則用調溫白巧克力替代。
最後以裝飾用的免調溫巧克力畫出小白兔的耳朵，
待巧克力凝固後，將耳朵裝飾在蛋糕上即可。

材料

份量 〈 直徑8cm，5個

食材 〈 ◆ 鮮奶油少許 ◆ 巧克力少許 ◆ 鈕扣巧克力少許 ◆ 覆盆子果醬少許

◆ 巧克力海綿蛋糕：全蛋2個、蛋黃1個、白砂糖60g、蜂蜜10g、低筋麵粉50g、
 玉米粉5g、無糖可可粉8g、奶油20g、牛奶10g

◆ 巧克力甘納許：動物性鮮奶油300g、調溫牛奶巧克力100g、調溫黑巧克力50g

工具 〈

◆ 電動攪拌器 ◆ 打蛋器 ◆ 調理盆 ◆ 網篩 ◆ 鍋子 ◆ 橡皮刮刀
◆ 口徑6cm半圓形矽膠烤模 ◆ 麵包刀 ◆ 塑膠擠花袋 ◆ 圓形花嘴
◆ 直徑8cm鋁箔布丁杯 ◆ 抹刀

作法

1　製作巧克力甘納許。牛奶巧克力和黑巧克力隔水加熱融化。取另一個鍋子，倒入鮮奶
　 油，加熱至鍋緣冒泡後，倒入融化好的巧克力中，攪拌均勻。放入冰箱冷藏2～3小時，
　 使其完全冷卻。

2　製作海綿蛋糕。材料中的奶油、牛奶一起隔水加熱融化，備用。製作海綿蛋糕是以全蛋
　 打發，全蛋液要增溫至微熱的狀態才容易打發成泡沫。取一個調理盆，下方墊一盆熱
　 水，再將全蛋和蛋黃放入調理盆中，打散後，放入砂糖和蜂蜜。

3　使用電動攪拌器攪打全蛋液，泡沫變細緻時要慢慢降低轉速，依序用高速→中速→低速。攪打過程中，若感覺到蛋液變得溫熱，即可移開調理盆下方的熱水。繼續攪打，蛋液打發成蓬鬆細緻的泡沫。打發好的全蛋液泡沫滑落時要能拉出緞帶狀紋路，停留在表面。

4　篩入低筋麵粉、玉米粉、可可粉，用刮刀順著調理盆的弧度由底部往上，輕柔地翻拌均勻。

5　先舀一些麵糊倒入裝有融化奶油和牛奶的容器內混合均勻後，再倒回調理盆中，全部麵糊攪拌均勻。

6　麵糊倒入口徑6cm半圓形矽膠烤模，放入以170℃預熱好的烤箱，烤15～20分鐘。

 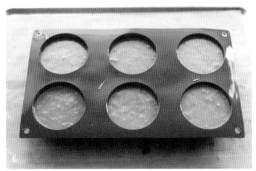

7　通常使用一般烤模烘烤海綿蛋糕，取出後要馬上脫模冷卻。若使用矽膠烤模，請將蛋糕連同矽膠烤模一起放置在冷卻架上，稍微降溫後再脫模。

8　若烤出來的半圓形海綿蛋糕高度較高，將底部平坦的部分切下厚1cm的蛋糕片。若半圓形海綿蛋糕不高，烤好的半圓形海綿蛋糕取其中1～2個蛋糕橫切成厚1cm的蛋糕片。依據使用的布丁杯高度，自行選擇鋪入1片或2片海綿蛋糕。

9　這道食譜使用較短的布丁杯，鋪入1片海綿蛋糕即可。每杯布丁杯請準備1片海綿蛋糕片和1個半圓形海綿蛋糕。

10　從冰箱取出冰好的巧克力甘納許。製作裝飾表面的巧克力淋醬，1/3巧克力甘納許倒入調理盆，稍微打發至仍會流動即可。若打發至硬挺狀態是全打發，表面裝飾用的巧克力淋醬打發至五分發即可。取另一個調理盆，倒入剩餘的2/3巧克力甘納許，下方墊一盆冰塊水，維持冷度，攪打至全打發，呈不會流動的硬挺狀態。

11　全打發的巧克力甘納許填入鋁箔布丁杯，約1/3的高度，接著鋪入1片海綿蛋糕，抹上覆盆子果醬，再用全打發的巧克力甘納許填滿布丁杯，最後放上半圓形的海綿蛋糕。若選用較高的布丁杯，堆疊順序則為海綿蛋糕片→覆盆子果醬→全打發巧克力甘納許→海綿蛋糕片→全打發巧克力甘納許→半圓形海綿蛋糕。

12 打發至五分發的巧克力淋醬淋滿蛋糕表面，用抹刀將周圍流洩下來的巧克力淋醬刮除乾淨。

13 用鈕扣巧克力製作小熊的耳朵。鈕扣巧克力切除一小部分後，插在杯子蛋糕上，成為小熊的耳朵。

14 少許的冰涼狀態鮮奶油打發成硬挺的鮮奶油霜，圓形花嘴和擠花袋組裝好，裝入打發好的鮮奶油霜，在杯子蛋糕上擠一個小圓，成為小熊的鼻子。

15 最後，少許巧克力隔水加熱融化，裝入擠花袋，在杯子蛋糕上擠出小熊的眼睛和鼻尖，也可以使用裝飾用的巧克力筆製作。完成的小熊杯子蛋糕先放入冰箱冷藏至冰涼，再取出品嚐。

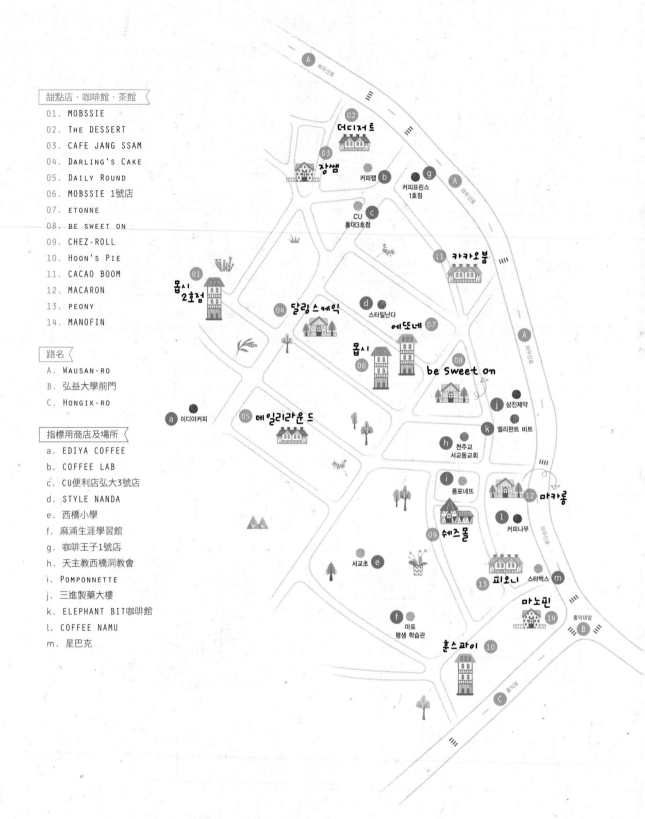

甜點店・咖啡館・茶館

01. MOBSSIE
02. The DESSERT
03. CAFE JANG SSAM
04. Darling's Cake
05. Daily Round
06. MOBSSIE 1號店
07. etonne
08. be sweet on
09. CHEZ-ROLL
10. Hoon's Pie
11. CACAO BOOM
12. MACARON
13. peony
14. MANOFIN

路名

A. Wausan-ro
B. 弘益大學前門
C. Hongik-ro

指標用商店及場所

a. EDIYA COFFEE
b. COFFEE LAB
c. CU便利店弘大3號店
d. STYLE NANDA
e. 西橋小學
f. 麻浦生涯學習館
g. 咖啡王子1號店
h. 天主教西橋洞教會
i. Pomponnette
j. 三進製藥大樓
k. ELEPHANT BIT咖啡館
l. COFFEE NAMU
m. 星巴克

弘大

弘大是弘益大學的簡稱，以藝術人文和
設計科系最為著名，因此大學附近的街
道巷弄彷彿也都浸潤在藝術氣息之中。
有許多特色咖啡館、色彩繽紛的畫廊、
流行時尚小店隱身在這些青春、浪漫、
自由的街道，是韓國年輕人流行時尚、
藝文資訊的集散地。

3-1　　法式草莓千層酥

3-2　　蝴蝶酥

3-3　　開心果無花果塔

3-4　　伯爵茶巧克力慕斯蛋糕

3-5　　萬聖節餅乾

3-6　　開心果磅蛋糕

3-7　　帕達諾乳酪酥餅

3-8　　橙皮巧克力磅蛋糕

3-9　　巧克力布朗尼餅乾

3-10　　榛果費南雪

3-11　　開心果費南雪

3-12　　馬卡龍冰淇淋

3-13　　蒙地安巧克力

3-14　　海鹽香草牛奶糖

3-15　　熔岩巧克力蛋糕

3-16　　椰香蛋白霜脆餅

3-17　　法式熱巧克力（熱可可）

3-1 法式草莓千層酥

千層酥的酥餅烤好並靜置冷卻後，可以先切成1人份大小，再與輕卡士達醬和草莓組合在一起。

草莓切薄片，用3片酥餅、輕卡士達醬、草莓疊成兩層的法式千層酥，看起來更精緻、可口。

酥餅想烤得薄脆一點，可以在烤到一半的時候取出，將上方覆蓋的烤盤往下壓，

把餅乾壓扁一點，再繼續烘烤完成。想要酥餅有點厚度，口感酥鬆一點，

烤到差不多厚度時，即可拿掉上方覆蓋的烤盤，再繼續烘烤完成。

材料

份量 ⟨ 7～8cm大小，20個

食材 ⟨ 草莓1袋

酥餅：低筋麵粉200g、奶油150g、鹽4g、冰水80g、手粉（低筋麵粉）適量、糖粉適量

輕卡士達醬：牛奶250g、蛋黃45g、白砂糖60g、玉米粉28g、香草莢¼根、吉利丁片2g、鮮奶油70g

工具 ⟨

調理盆　刮板　塑膠袋（保鮮膜）　擀麵棍　網篩　刀子　烤盤
針車輪　烤盤布　鍋子　耐熱刮刀　不鏽鋼托盤　麵包刀
打蛋器　擠花袋

作法

1　製作酥餅。低筋麵粉篩入調理盆中，再將冰涼的奶油切小塊後，加入調理盆，使用刮板反覆剁切奶油，使奶油與麵粉均勻混合。

2　奶油剁碎成為細小的粉粒後，鹽加入冰水中拌勻，再倒在麵粉中央，用刮板反覆剁切，使水與麵粉混合成為麵團。

3　麵團裝入塑膠袋中包好，再用刮板稍微壓成扁平狀，放入冰箱冷藏鬆弛1小時。

4　取出鬆弛好的酥餅麵團，在工作檯和麵團表面撒一些手粉。用擀麵棍將麵團擀成寬約18cm、長約40cm的長方形。

5　刷掉麵團上多餘的手粉，麵團的兩個短邊分別向內折1/3，將麵團折成三折。

6　折好的麵團旋轉90度，撒上手粉，再擀開成長方形，長寬大約與第一次擀開的大小相同即可。

7　刷掉麵團上多餘的手粉，將麵團折成三折，裝入塑膠袋中包好，放入冰箱冷藏鬆弛1小時。

8　取出鬆弛好的酥餅麵團，撒上手粉，重複4～7的步驟，再放入冰箱冷藏鬆弛1小時，取出後再重複一次4～7的步驟，裝入塑膠袋中，放入冰箱冷藏鬆弛1小時。

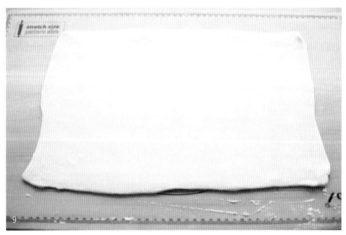

9　取出鬆弛好的酥餅麵團，撒上手粉，擀開成30cm×40cm的長方形平面。烤盤若比較小，可以將麵團分成2等份，分別擀開成1/2大小。

10 刷掉麵團上多餘的手粉，將麵團放置到烤盤上。可以用擀麵棍捲好麵團，再放到烤盤上攤開鋪平。

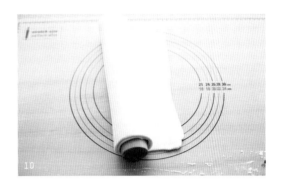

11 使用針車輪，將酥餅麵團表面戳出均勻細密的氣孔，沒有針車輪的話，可以使用叉子戳出氣孔。用刮板或刀子切除超出烤盤的麵團。酥餅麵團連同烤盤一起放入冰箱冷藏鬆弛10～15分鐘。

12 烤箱以190～200℃預熱好。取出鬆弛好的酥餅麵團，鋪上一張烤盤布，上方再蓋上另一個烤盤，放入烤箱烤20分鐘。

13 酥餅烤20分鐘後取出，在表面撒滿糖粉，重新放回烤箱，再烤5～7分鐘，將表面烤至焦糖色。

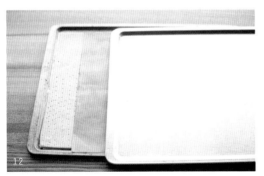

14 烤好的酥餅靜置冷卻後，切成適當大
小。酥餅的大小和形狀可以依據個人
喜好來切割。

 POINT：本食譜是將酥餅切成15cm×15cm的
正方形4片。

15 製作輕卡士達醬。吉利丁片以冰水浸泡備用。剖開香草莢，刮出香草籽。取一個鍋子放
入香草籽和牛奶，加熱至鍋緣冒泡。取一個調理盆，放入蛋黃打散後，放入砂糖和玉米
粉，用打蛋器攪打均勻。倒入加熱好的香草籽牛奶，快速攪拌均勻。

16 使用網篩過濾，攪拌好的蛋奶液倒回鍋中，以中火加熱，並用打蛋器持續攪拌，避免底
部燒焦。蛋奶液變得濃稠、光滑，冒出大氣泡時，即可離火，泡軟的吉利丁片擰乾，放
入初步完成的卡士達醬中攪拌均勻。

17 卡士達醬倒入不鏽鋼托盤中攤平，覆
蓋保鮮膜並緊密貼合卡士達醬，隔絕
空氣，放入冰箱冷藏，使其盡速冷
卻。

18 打發拌入卡士達醬中的鮮奶油霜。冰涼的鮮奶油倒入調理盆，下方墊一盆冰塊水，攪打至7分發，開始出現紋路，變成具有濃厚流質感的鮮奶油霜。

19 取另一個調理盆，放入冷卻好的卡士達醬，用打蛋器攪拌滑順，再將打發好的鮮奶油霜分2次加入卡士達醬中，用刮刀翻拌均勻，完成輕卡士達醬。

20 輕卡士達醬裝入擠花袋中，方便填注內餡。

21 草莓洗淨後擦乾水分並切除蒂頭，草莓可以整粒直接使用，或是切成片狀或對半皆可。

22 取一片切好的酥餅，先擠上輕卡士達醬打底，再鋪上滿滿的草莓，再用輕卡士達醬填滿草莓和草莓之間的空隙，蓋上另一片切好的酥餅，撒上糖粉，最上方用草莓裝飾一下，完成。放入冰箱冷藏，冰涼之後再品嚐，更加美味。

蝴蝶酥

烘烤過程中要翻面一次，烤出來的蝴蝶酥才會平坦，不易變形。

翻面動作要快，不要讓餅乾接觸冷空氣太久。

麵團務必要冷藏鬆弛，麵團不冷藏鬆弛或是在常溫中放置過久，

麵團中的奶油一旦融化，烤出來的蝴蝶酥就不會有層次感，口感也不酥脆。

材料

份量 〈 7～8cm，20個

食材
　酥皮：低筋麵粉200g、奶油150g、鹽4g、冰水80g、手粉（低筋麵粉）適量
　其他：白砂糖適量

工具
　調理盆　刮板　塑膠袋（保鮮膜）　擀麵棍　網篩　刀子　刷子　烤盤

❈◆❈◆❈◆❈◆❈◆❈◆❈◆❈◆❈◆❈◆❈◆❈◆❈◆❈◆❈◆❈◆❈◆❈

作法

1　製作酥皮麵團。低筋麵粉篩入調理盆，再將冰涼的奶油切小塊後，加入調理盆，用刮板反覆剁切奶油，使奶油與麵粉均勻混合。

2　奶油剁碎成為細小的粉粒後，鹽加入冰水中拌勻，再倒在麵粉中央，用刮板反覆剁切，使水與麵粉混合成為麵團。

3　麵團裝入塑膠袋中包好，再用刮板稍微壓成扁平狀，放入冰箱冷藏鬆弛1小時。

4 取出鬆弛好的酥皮麵團，在工作檯上和麵團表面撒一些手粉。使用擀麵棍將麵團擀成寬約18～20cm、長約40～45cm的長方形。

5 刷掉麵團上多餘的手粉，麵團的兩個短邊分別向內折1/3，將麵團折成三折。

6 折成三折的麵團旋轉90度，撒上手粉，再擀開成長方形，長寬大約與第一次擀開的大小相同即可。

7 刷掉麵團上多餘的手粉，將麵團折成三折，裝入塑膠袋中包好，放入冰箱冷藏鬆弛1小時。

8 取出鬆弛好的麵團，撒上手粉，重複4～7的步驟，再放入冰箱冷藏鬆弛1小時，取出後再重複一次4～7的步驟。

9 每回三折並擀開2次，冷藏鬆弛1次，總共重複三回後，裝入塑膠袋中，放入冰箱冷藏鬆弛1小時。

10 取出鬆弛好的酥皮麵團，撒上手粉，擀開成30cm×44cm的長方形平面。麵團上下兩端均勻撒上砂糖，並用手稍微壓一下使砂糖嵌入。

  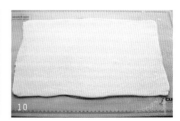

11　麵團四邊用刀子切整齊，成為工整的長方形。麵團兩側短邊分別向內折1/6。

12　再一次向內折1/6。

13　麵團對折成長條狀，用擀麵棍稍微擀一下，使麵團的層次更緊密。放入冰箱冷藏鬆弛20～30分鐘。

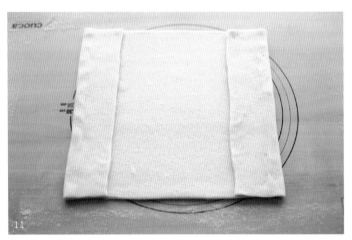
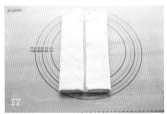
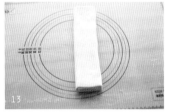

14　取出鬆弛好的酥皮麵團，用刀子切成1cm寬的小條。

15　麵團看得到紋理的兩面朝上下，上端稍微向外折成Y字形。放入以180℃預熱好的烤箱，先烤12分鐘。取出烤盤，迅速將蝴蝶酥翻面。重新放回180℃的烤箱，再烤12～13分鐘，將蝴蝶酥烤出焦香金黃色澤，完成。

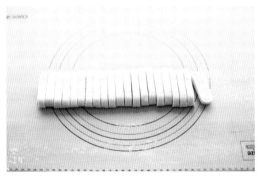
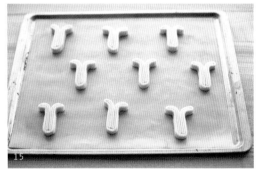

開心果無花果塔

秋天可以使用當季的新鮮無花果製作,冬天或春天可以用盛產的草莓替代。

塔皮先烘烤好,填入杏仁奶油餡後再烤一次,做法有點繁複,但是烤出來的塔才會酥脆可口。

材料

份量〈 直徑13cm塔模，2個

食材〈 無花果6個　鏡面果膠50g　水50g　開心果少許（裝飾用）

塔皮：奶油80g、糖粉40g、鹽少許、全蛋28g、低筋麵粉130g、杏仁粉20g、香
草粉少許、手粉（低筋麵粉）少許

開心果杏仁奶油餡：奶油50g、糖粉50g、全蛋50g、杏仁粉50g、開心果果泥40g

乳酪餡：馬斯卡彭乳酪110g、動物性鮮奶油110g、白砂糖20g、香草籽少許

工具〈

調理盆　刮板　擀麵棍　塑膠袋　叉子　烘焙紙　烘焙石　橡皮刮刀
打蛋器　電動攪拌器　網篩　抹刀　刷子　塔模

作法

1　製作塔皮。低筋麵粉、杏仁粉、糖粉、鹽、香草粉一起篩入調理盆，再將冰涼的奶油切
小塊，加入調理盆，用刮板反覆剁切奶油，使奶油與麵粉均勻混合。

2　奶油變得細碎且均勻裹上麵粉後，用指尖快速搓捏成砂粒狀。全蛋打散，倒入麵粉中
央，用刮板反覆剁切，使蛋液與麵粉充分混合成鬆散的麵團。

3   麵團放到工作檯上，用手掌底端將麵團往前推揉，重複此動作3次，使麵團緊實。用刮板將麵團聚合後，放入塑膠袋中包好並稍微壓平，放入冰箱冷藏鬆弛1小時。

4   取出鬆弛好的塔皮麵團，分切成2等份。這道食譜使用2個迷你塔模，因此麵團分成2份，若是使用直徑21cm的塔模，直接擀開麵團即可。

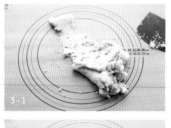

5   在工作檯和麵團表面都撒上一些手粉，用擀麵棍邊擀邊轉動麵團，擀開成比塔模稍微大一點，厚2～3mm的平面。塔皮移到塔模上，運用指腹將塔皮緊密壓入塔模的每一個皺折中。用擀麵棍在塔模上滾一圈，切除多餘塔皮。

6   塔皮底部用叉子戳一些氣孔，放入冰箱冷藏10～20分鐘，使塔皮鬆弛降溫一下。

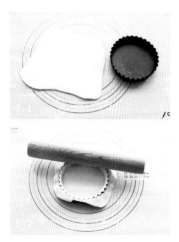
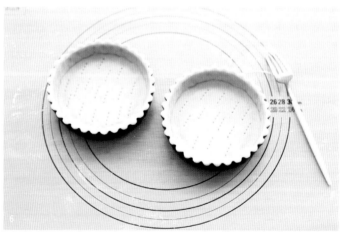

7　塔模從冰箱取出，取一張比塔模稍大一點的烘焙紙，用手揉擰變軟，覆蓋在塔皮上，再填滿烘焙石。放入以160℃預熱好的烤箱，烤30分鐘。

8　打開烤箱門，拿掉烘焙石和烘焙紙，用刷子快速地將蛋液均勻塗刷在塔皮表面。關上烤箱門，再烤5分鐘，將蛋液烤成金黃色澤。烤好從烤箱取出，連同塔模直接放在冷卻架上降溫。

9　製作開心果杏仁奶油餡。調理盆中放入常溫軟化的奶油，奶油稍微打散後，加入糖粉，攪打到奶油顏色稍微變白，分次倒入全蛋液，攪打到蛋液完全融入奶油中。

10　倒入過篩好的杏仁粉拌勻後，加入開心果果泥拌勻，完成開心果杏仁奶油餡。

11 開心果杏仁奶油餡填入冷卻的塔皮中，放入以160℃預熱好的烤箱，烤25分鐘。

12 烤好取出塔皮，靜置冷卻後，脫模。

13 無花果削皮後，切成有點厚度的片狀，備用。

14 製作乳酪餡。常溫軟化的馬斯卡彭乳酪放入調理盆，使用電動攪拌器將奶油稍微打散後，加入砂糖和香草籽拌勻，再加入鮮奶油，打發成硬挺的狀態。

15 用抹刀將乳酪餡塗抹在烤過的開心果杏仁奶油餡上，抹成山丘狀。再鋪滿切片的無花果。

16 鏡面果膠和水以1:1的比例拌勻，
　　加熱煮至鍋緣冒泡。用刷子將煮
　　好的鏡面果膠塗刷在無花果表
　　面。最後將1～2粒開心果切對
　　半，放置在頂端裝飾，完成。

伯爵茶巧克力慕斯蛋糕

製作手指餅乾麵糊，放入麵粉後，快速翻拌至看不到殘餘麵粉即可。
若攪拌過久，麵糊會變得很稀，增加擠麵糊的困難，擠出來的形狀也不漂亮。

材料

份量〈 直徑15CM（6吋）慕斯模，1個

食材〈

手指餅乾：全蛋2個、白砂糖60G、低筋麵粉52G、無糖可可粉8G、伯爵茶末
（茶包內的細碎茶末，或紅茶粉）2G、糖粉少許

巧克力慕斯：伯爵茶鮮奶油100G、蛋黃1個、白砂糖10G、調溫牛奶巧克力
100G、調溫黑巧克力50G、冰涼的鮮奶油200G、吉利丁片2G

※伯爵茶鮮奶油：動物性鮮奶油150G、伯爵茶茶葉12G

工具〈

調理盆　電動攪拌器（打蛋器）　烤盤　耐熱刮刀　擠花袋
圓形花嘴（口徑8MM或1CM）　刀子　慕斯模　鍋子　網篩　抹刀

作法〈

1　製作手指餅乾。取一個調理盆，放入蛋白，用電動攪拌器打出大氣泡後，砂糖分2次放
入，持續攪打蛋白，打發成乾性發泡蛋白霜，拉起打發好的蛋白霜會呈錐狀挺立。

2　蛋黃打散，倒入蛋白霜中，用刮刀輕柔地翻拌均勻。再篩入低筋麵粉、玉米粉、可可粉、伯爵茶末（或紅茶粉），用刮刀順著調理盆的弧度由底部往上，快速且輕柔地翻拌均勻，完成手指餅乾麵糊。

3　花嘴和擠花袋組裝好，裝入手指餅乾麵糊，麵糊擠在鋪好烘焙紙的烤盤上。圍邊用的手指餅乾擠出長4cm、寬等於慕斯模圓周的長方形。再擠2片比慕斯模直徑稍微小一點的圓形餅乾片。剩餘的麵糊擠成小圓餅狀，製作成裝飾用的餅乾。麵糊都擠好後，表面用網篩撒上2次糖粉。

4　放入以180℃預熱好的烤箱，烤10～13分鐘。烤好立刻脫模並靜置稍微降溫。裁切圍邊用的手指餅乾，切成比慕斯模高度矮1cm左右，圓形的餅乾片也裁切成與圍邊的手指餅乾密合的大小，以免之後倒入慕斯時，從空隙中流出。

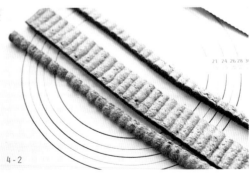

5　取一個慕斯模，側邊先鋪入切成高3cm的圍邊餅乾，再放入1片鋪底的圓形餅乾。圍邊和鋪底的餅乾一定要接合緊密，之後才能盛裝慕斯。

6　製作慕斯。吉利丁片先以冰水或冷水浸泡5分鐘以上使其軟化，備用。取一個鍋子，放入鮮奶油150g和伯爵茶茶葉12g，加熱煮至沸騰，關火，蓋上鍋蓋，浸泡5分鐘以上，使茶葉泡開、出味。

7　牛奶巧克力和黑巧克力一起隔水加熱融化。

8　取一個調理盆，放入蛋黃和砂糖打散。泡好的伯爵茶鮮奶油撈掉茶葉，取100g伯爵茶鮮奶油加熱至微溫後，倒入打散的蛋黃和砂糖中，用打蛋器攪拌均勻。

9 伯爵茶蛋奶液重新倒回鍋中，以中小火加熱，用耐熱刮刀以畫8字的方式緩慢且持續地攪拌。不需要煮至沸騰、冒泡，只要溫度慢慢上升即可。用刮刀舀起變稠的蛋奶醬，再用手指刮出一條痕跡，若痕跡清楚且維持不變，就表示達到所需的濃稠度。

10 關火，泡軟的吉利丁片擰乾，放入伯爵茶蛋奶醬中，攪拌均勻。

11 使用網篩過濾煮好的蛋奶醬，加入融化好的巧克力中，用刮刀拌勻。因為等一下要拌入打發好的鮮奶油霜，請靜置冷卻。

12 冰涼的鮮奶油倒入調理盆中，下方墊一盆冰塊水，維持冷度，使用電動攪拌器攪打鮮奶油至7分發，開始出現紋路，變成具有濃厚流質感的鮮奶油霜即可。伯爵茶巧克力蛋奶醬降溫到與體溫差不多時，打發好的鮮奶油霜分3次拌入，完成伯爵茶巧克力慕斯。

13 慕斯倒入鋪好手指餅乾的慕斯模中，蓋上另一片裁切好的圓形餅乾片。再用剩餘的慕斯
　　填滿整個慕斯模。

13-1

13-2

POINT：凝固後的慕斯蛋糕若是很難脫模，
　　　　可以用熱毛巾或熱抹布稍微包覆住
　　　　慕斯模，使慕斯邊緣稍微軟化，就
　　　　能輕鬆取下慕斯模了。

14 慕斯的表面用抹刀抹平。放入冰箱冷凍
　　1小時，使慕斯凝固。

14

15 剩餘的慕斯當作夾心餡，夾入用手指餅乾麵糊製作的小圓餅，待伯爵茶巧克力慕斯蛋糕
　　冷凍凝固後，裝飾在蛋糕表面，完成。

15-1

15-2

3-5 萬聖節餅乾

餅乾麵團冷藏鬆弛好後，先用手將麵團稍微壓平並延展開來，再進行擀壓。
若直接擀開，麵團很容易裂開。擀餅乾麵團，麵團上下都要撒上手粉，防止沾黏。
麵團放置在常溫中太久，很容易變軟，不好操作，
可以適時放入冰箱冷藏降溫一下，再取出擀壓。

材料

份量 〉 直徑5cm，30～40片

食材 〉

南瓜餅乾：奶油85g、白砂糖80g、鹽少許、低筋麵粉185g、南瓜粉17g、泡打粉1g、全蛋1個、南瓜籽少許、手粉（低筋麵粉）少許

巧克力餅乾：奶油85g、白砂糖80g、鹽少許、低筋麵粉185g、無糖可可粉15g、泡打粉1g、全蛋1個、手粉（低筋麵粉）少許

裝飾：蛋白20g、糖粉80g、檸檬汁少許、可可粉少許

工具 〉

調理盆　電動攪拌器（打蛋器）　烤盤　萬聖節餅乾壓模　橡皮刮刀
擀麵棍　小擠花袋或烘焙紙

作法

1　常溫軟化的奶油放入調理盆中打散，加入砂糖、鹽，攪打到奶油顏色泛白後，分次加入全蛋液，繼續攪打到蛋液完全融入奶油中。

2　先篩入南瓜粉攪拌均勻，再篩入低筋麵粉和泡打粉拌勻，麵團裝入塑膠袋中，稍微壓平，放入冰箱冷藏鬆弛1小時。

3　工作檯撒上一些手粉，放上鬆弛好的麵團。用擀麵棍一點一點慢慢擀開，成為厚4～5mm的平面。使用萬聖節的餅乾壓模，將麵團壓出造型。

4　餅乾排列在鋪好烘焙紙的烤盤上，餅乾和餅乾之間要保留間距。南瓜造型的餅乾用南瓜子在蒂頭稍微用力崁入，做為裝飾。放入以170℃預熱好的烤箱，烤12～15分鐘。

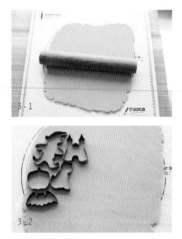
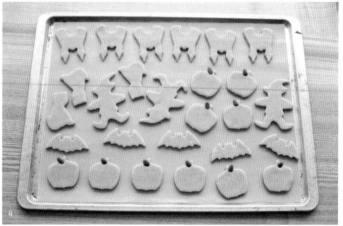

5　巧克力餅乾的步驟與南瓜餅乾大致相同，可可粉和麵粉、泡打粉等粉類食材一起篩入即可。拌勻的麵團裝入塑膠袋中，稍微壓平，放入冰箱冷藏鬆弛1小時。

6　工作檯撒上一些手粉，放上鬆弛好的麵團。用擀麵棍一點一點慢慢擀開，成為厚4～5mm的平面。使用萬聖節的餅乾壓模，將麵團壓出造型。放入以170℃預熱好的烤箱，烤12～15分鐘。

7 裝飾餅乾。蛋白充分打散後，篩入糖粉，並滴入少許檸檬汁，攪拌成滑順的糖霜。攪拌好的糖霜分成2等份，其中一份糖霜保留原色，另一份加入少許可可粉，製作成巧克力糖霜。

8 原味糖霜和巧克力糖霜分別裝入小擠花袋。若沒有小擠花袋，可以用烘焙紙捲成圓錐狀，裝入裝飾用的糖霜，開口的地方折起來，避免翻倒。

9 烤好的餅乾放置在冷卻架上降溫後，南瓜餅乾用巧克力糖霜裝飾。巧克力餅乾則用白色原味糖霜裝飾。

10 南瓜餅乾上用白色原味糖霜擠出眼白，再用巧克力糖霜點出黑眼珠。裝飾的時候，可以寫萬聖節的英文字樣，或是畫成幽靈城堡、蝙蝠、小幽靈都很可愛。

開心果磅蛋糕

烘烤蛋糕時，可以依據蛋糕烤熟的程度稍微增減烘烤的時間。
烘烤較深的蛋糕，可以用長竹籤戳入蛋糕中心，取出時沒有麵糊沾黏在竹籤上，就算是烤熟了。

材料

份量〉 直徑15CM圓形菊花烤模，1個

食材〉 奶油100G　白砂糖80G　鹽少許　全蛋2個　蛋黃1個
香草籽少許　開心果泥40G　泡打粉2G　低筋麵粉110G
玉米粉10G　切碎蔓越莓乾30G　切碎開心果30G
裝飾用開心果少許　奶油和低筋麵粉（塗刷烤模用）少許

糖霜：糖粉40G、水10G

工具〉 調理盆　橡皮刮刀　電動攪拌器（打蛋器）　網篩　冷卻架　刷子
圓形菊花烤模或造型蛋糕烤模　刀子　食物調理機（研磨機）

作法

1　加入麵糊中的蔓越莓乾
和開心果切碎。烤模內
均勻塗上常溫軟化的奶
油，在填入麵糊前，放
置在冰箱冷藏備用。

2　製作磅蛋糕麵糊。常溫軟化的奶油放入調理盆，用電動攪拌器打散，倒入砂糖和鹽，繼
續攪打直到奶油顏色泛白。全蛋和蛋黃一起打散後，分成3次加入奶油中一起攪打，直
到蛋液完全融入奶油中。刮入少許香草籽（可省略）一起拌勻。

3　低筋麵粉、玉米粉、泡打粉先篩1/3到全蛋麵糊中，用刮刀翻拌均勻，再放入開心果泥拌勻。

4　篩入剩餘的粉類食材，用刮刀翻拌均勻。

5　切碎的蔓越莓乾和開心果放入麵糊中拌勻。取出放在冰箱的烤模，撒滿低筋麵粉後，再倒掉多餘的麵粉。

6　麵糊倒入烤模，放入以180℃預熱好的烤箱，溫度調低至170℃，烤30～35分鐘。

7　烤好的蛋糕放置在冷卻架上降溫一下。裝飾糖霜的材料拌勻，在蛋糕還有餘溫的時候，在表面快速刷上一層薄薄的糖霜，趁糖霜還沒乾掉，在蛋糕表面撒上一圈切碎的開心果，完成。

帕達諾乳酪酥餅

餅乾麵團製作成長條狀，可以用烘焙紙包裹好麵團，再搓滾成圓柱狀。
麵團放入冰箱冷凍，稍微變硬更好塑形。

材料

份量 〈 40～42個

食材 〈 奶油150G　糖粉90G　鹽少許　香草籽少許　全蛋30G
低筋麵粉250G　帕達諾乳酪50G　白砂糖少許

工具 〈
乳酪刨絲器或一般刨絲器　調理盆　打蛋器或電動攪拌器　橡皮刮刀
烘焙紙　烤盤

作法

1　帕達諾乳酪用乳酪刨絲器或一般刨絲器刨成絲。

2　常溫軟化的奶油放入調理盆，用電動攪拌器打散奶油後，加入糖粉，攪打到奶油顏色泛白，加入打散的全蛋液，繼續攪打到蛋液完全融入奶油中。再刮入香草籽（可省略），香草籽也可以用香草糖、香草油替代。

3　篩入低筋麵粉，再加入刨成絲的帕達諾乳酪，用刮刀翻拌均勻。攪拌至看不見殘餘的麵粉，用刮板將麵團刮到工作檯上，用手掌底端將麵團往前推揉，重複此動作3次，使麵團緊實。

4　麵團分成2等份，分別搓揉成直徑約2.5cm的長棍狀。

5　用烘焙紙包裹好麵團，放入冰箱冷凍1小時。冷凍變硬的麵團從冰箱取出，放在砂糖上，表面均勻裹上砂糖。

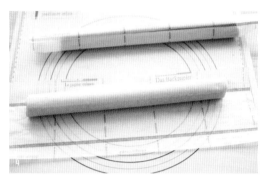
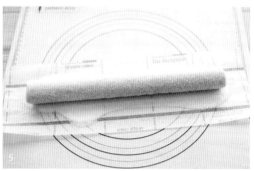

6　裹好砂糖的麵團切成每片厚1cm的小圓片。若麵團凍得太硬，可以放常溫退冰再切。

7　切好的麵團排列在鋪好烘焙紙的烤盤上，用大拇指輕輕按壓麵團中心，使麵團中心凹陷。放入以165℃預熱好的烤箱，烤13～15分鐘。靜置降溫後，若要包裝送禮，建議使用看得見內容物的包裝紙袋。

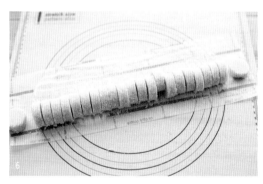

橙皮巧克力磅蛋糕

沒有迷你磅蛋糕模，可以用現成的其他烤模替代。也可以使用杯型烤模或圓形烤模烘烤。

材料

份量 〈 9.2CMX6CMX3.5CM，6個

食材 〈 奶油150G　黃砂糖120G　鹽少許　全蛋3個
柑橘香甜酒（柑曼怡香橙干邑香甜酒）2大匙　低筋麵粉120G
可可粉40G　泡打粉1小匙　糖漬橘皮（拌入麵糊用）90G
糖漬橘皮（裝飾用）少許　奶油（塗刷烤模用）少許
巧克力甘納許：調溫黑巧克力100G、動物性鮮奶油100G

工具 〈
調理盆　電動攪拌器（打蛋器）　橡皮刮刀　迷你磅蛋糕烤模　鍋子
冷卻架　刷子　不鏽鋼托盤

作法

1　迷你磅蛋糕烤模內塗刷常溫軟化的奶油，備用。拌入麵
　　糊用的糖漬橘皮切成小丁狀，備用。

2　常溫軟化的奶油放入調理盆中打散，倒入黃砂糖和鹽，
　　攪打至奶油顏色從黃砂糖色澤變成淺咖啡色。全蛋打
　　散，以少量多次的方式加入奶油中一起攪打，直到蛋液
　　完全融入奶油中。

3　加入柑橘香甜酒或柑曼怡香橙干邑甜酒（可省略），攪拌均勻。篩入低筋麵粉、可可粉、泡打粉，用刮刀翻拌均勻。

4　切成小丁的糖漬橘皮倒入麵糊中拌勻。

5　麵糊分成6等份，裝入塗刷過奶油的烤模。放入以170℃預熱好的烤箱，烤25～30分鐘。磅蛋糕烤好從烤箱取出，立刻脫模，放置在冷卻架上降溫。

6　製作巧克力甘納許。鮮奶油放入鍋中，加熱至鍋緣沸騰。取一個調理盆，放入黑巧克力，下方墊一盆熱水，隔水加熱融化後，倒入加熱好的鮮奶油拌勻。磅蛋糕降溫後，連同冷卻架一起放置在不鏽鋼托盤上，巧克力甘納許淋滿磅蛋糕表面，最後放上糖漬橘皮裝飾，完成。

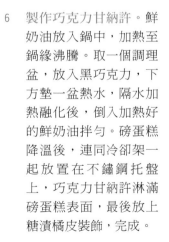

巧克力布朗尼餅乾

製作過程中需要攪碎巧克力，因此使用食物調理機製作會比較方便省力。
奶油的狀態和雞蛋的大小差異可能導致食材無法攪拌成團，若怎麼攪拌都不能成團，
可以在食譜材料中再多加一點水或蛋液，幫助食材攪拌成團狀。

材料

份量 〈 約70個

食材 〈 奶油150g　調溫黑巧克力（或調溫牛奶巧克力）150g
低筋麵粉230g　無糖可可粉20g　黃砂糖（或白砂糖）125g
泡打粉2g　小蘇打粉2g　鹽少許　全蛋1個　水1～2小匙

工具 〈
食物調理機　夾鏈袋　刀子　烤盤

作法

1　食材中的巧克力需要攪碎，因此使用食物調理機操作會比較便利。食物調理機中放入低
　　筋麵粉、泡打粉、小蘇打粉、鹽、黃砂糖、可可粉、黑巧克力一起攪打成均勻的粉狀。

2　奶油切小塊放入，快速攪打一下，再放入全蛋和水一起攪拌。

3　食材攪拌成團狀後，從食物調理機中取出。

4　麵團裝入夾鏈袋，排出空氣後，密封夾鏈袋，用手或擀麵棍壓平麵團。放入冰箱冷藏鬆弛1小時，使麵團稍微變硬。

5　取出鬆弛好的麵團，切成2cm×2cm的小方塊。冷藏好的麵團取出後直接切，可能會因為太硬而碎裂，可以在常溫中稍微靜置軟化後再切。

6　切成小丁的餅乾麵團排列在鋪好烘焙紙的烤盤上。放入以170℃預熱好的烤箱，烤15～18分鐘。烤好立即脫模，放置在冷卻架上降溫，完成。

榛果費南雪

榛果和榛果粉稍微烘烤過,香氣會更濃郁,但是要留意烘烤時間,不要烤過久而產生焦味。

材料

份量〈 6CMX3CMX2CM費南雪烤模，12個

食材〈 奶油100G　蛋白100G　黃砂糖75G　蜂蜜20G
榛果粉（可用杏仁粉替代）40G　低筋麵粉40G　玉米粉5G
榛果40～50G　奶油（塗刷烤模用）少許

工具〈
鍋子　調理盆　打蛋器　橡皮刮刀　塑膠擠花袋　費南雪烤模　刷子
網篩　刀子　砧板

作法

1　榛果粉和榛果鋪在烤盤上，放入以180℃預熱好的烤箱，烤5分鐘。

2　烤過的榛果粉靜置降溫後，和低筋麵粉、玉米粉一起過篩備用。烤過的榛果取一部分切
對半，最後撒在麵糊表面，其餘榛果切成碎末，之後拌入麵糊中。

3　奶油放入鍋中，開中火煮到顏色變成淺
咖啡色，成為具有榛果香的焦化奶油。
煮好的焦化奶油靜置冷卻備用。費南雪
烤模用刷子塗上薄薄一層常溫軟化奶油
後，放入冰箱冷藏。

4　取一個調理盆，放入蛋白，用打蛋器稍微打散一下，倒入黃砂糖和蜂蜜攪拌。

5　砂糖、蜂蜜與蛋白混合均勻後，篩入低筋麵粉、榛果粉、玉米粉，攪拌均勻。玉米粉可以用太白粉替代。

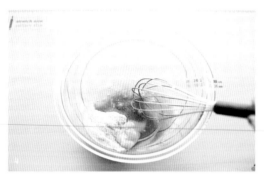 

6　冷卻的焦化奶油用網篩過濾，加入麵糊中拌勻。焦化奶油不過濾的話，焦化過程中產生的雜質會一起拌入麵糊中，因此務必要過濾後再加入。

7　切好的榛果碎末加入麵糊中，攪拌均勻。

8　拌好的麵糊裝入擠花袋。用擠花袋將麵糊填入烤模，更簡潔快速。若直接將麵糊舀入烤模，很容易滴落或沾黏到烤模四周。

9　從冰箱取出費南雪烤模，填入麵糊至8分滿，表面放上切成對半的榛果。放入以180℃預熱好的烤箱，烤12～15分鐘。烤好立即脫模，放置在冷卻架上稍微降溫，完成。

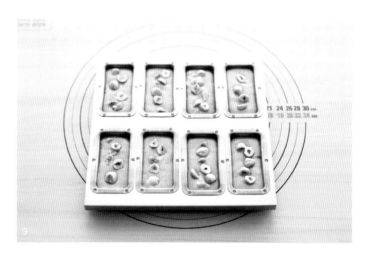

3-11 開心果費南雪

為了避免烤好的費南雪水分蒸發、變乾，烤好要立即脫模，
放置在冷卻架上稍微降溫，即可用保鮮膜包裹或是放入塑膠袋保存，以保持費南雪的濕潤度。

材料

份量　4.3cm×5.2cm×2.9cm方形烤模，12個

食材　奶油100g　蛋白100g　白砂糖70g　蜂蜜20g　杏仁粉40g
低筋麵粉45g　玉米粉5g　開心果果泥50g
開心果（拌入麵糊用）20g　開心果（撒在麵糊表面）少許
奶油（塗刷烤模用）少許

工具
鍋子　調理盆　打蛋器　橡皮刮刀　塑膠擠花袋
方形多格烤模（或費南雪烤模）　刷子　刀子　砧板

作法

1　拌入麵糊和撒在麵糊表面用的開心果分別切成碎末備用。開心果泥秤好備用。方形多
格烤模用刷子塗上薄薄一層常溫軟化奶油後，放入冰箱冷藏。

2　奶油放入鍋中，開中火煮到顏色變成淺咖啡色，成為具有榛果香的焦化奶油。煮好的
焦化奶油靜置冷卻備用。

3　取一個調理盆，放入蛋白，用打蛋器稍微打散一下，倒入砂糖和蜂蜜攪拌。

4　砂糖、蜂蜜與蛋白混合均勻後，篩入低筋麵粉、杏仁粉、玉米粉，攪拌均勻。玉米粉可以用太白粉替代。

5　攪拌至看不見殘餘麵粉時，加入開心果泥拌勻。

6　冷卻的焦化奶油用網篩過濾，加入麵糊中拌勻。焦化奶油不過濾的話，焦化過程中產生的雜質會一起拌入麵糊中，因此務必要過濾後再加入。

7　切好的開心果碎加入麵糊中，攪拌均勻。

8　拌好的麵糊裝入擠花袋。用擠花袋將麵糊填入烤模，更簡潔快速。若直接將麵糊舀入烤模，很容易滴落或沾黏到烤模四周。

9　取出方形多格烤模，填入麵糊至8分滿，表面撒上開心果碎。放入以180℃預熱好的烤箱，烤12～15分鐘。烤好立即脫模，放置在冷卻架上稍微降溫，完成。

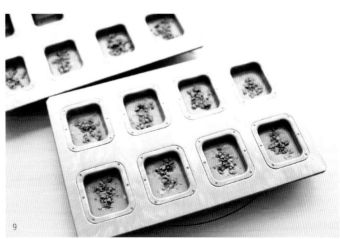

馬卡龍冰淇淋

覺得冰淇淋做成圓餅狀很麻煩，也可以用冰淇淋挖勺將冰淇淋挖成一球一球，
直接夾入做好的馬卡龍餅殼中。
覺得自己做冰淇淋也很麻煩，還可以直接購買市售冰淇淋，
再夾入自製的馬卡龍餅殼中，也能享受自製馬卡龍冰淇淋的樂趣和美味。

材料

份量〈 直徑8CM，4個

食材〈

冰淇淋：牛奶500g、動物性鮮奶油100g、香草莢½根、白砂糖90g、蛋黃5個、冷凍藍莓50g、藍莓果醬30g

馬卡龍餅殼：蛋白55g、白砂糖40g、蛋白粉1g、杏仁粉60g、糖粉90g、食用色素（紫色和紅色）少許

工具〈

鍋子　耐熱刮刀　網篩　調理盆　打蛋器　電動攪拌器
冰淇淋機（沒有的話，準備四方形密封容器）　不鏽鋼托盤
直徑8CM圓形慕斯模　烤盤　烤盤墊　食物調理機（食物料理棒）　刮板
圓形花嘴　塑膠擠花袋　溫度計

作法〈

1　製作冰淇淋。冰淇淋可以提前一天做好，要品嘗當天直接夾入馬卡龍。取一個鍋子，放入牛奶、鮮奶油，並刮入香草籽，加熱至鍋緣冒泡。

2　取一個調理盆，放入蛋黃打散，再放入砂糖，用打蛋器攪拌。

3　蛋黃打發成鵝黃色細緻泡沫後，慢慢倒入加熱好的牛奶和鮮奶油，攪拌均勻。

4　蛋奶液倒回鍋中，以中小火加熱，用耐熱刮刀以畫8字的方式緩慢且持續地攪拌，變得有些濃稠且溫度達到84℃即可關火，完成英式蛋奶醬。若沒有溫度計，用刮刀舀起蛋奶醬，再用手指刮出一條痕跡，痕跡清楚且維持不變，就表示達到所需的濃稠度，即可離火。（請參考p.176）

5　使用網篩過濾蛋奶醬。若只想吃香草冰淇淋，直接靜置冷卻後，進行下一個步驟。若想吃2種口味的冰淇淋，過濾好的蛋奶醬分成2等份，分別用調理盆裝好，靜置冷卻。調理盆下方可以墊冰塊水，加速冷卻。

6　冷凍藍莓用果汁機打成泥狀。蛋奶醬都冷卻後，取其中一份蛋奶醬，加入藍莓果泥和藍莓果醬，攪拌均勻。

7　取出預先放在冰箱冷凍好的冰淇淋機內膽，倒入香草蛋奶醬。若沒有冰淇淋機，香草蛋奶醬倒入方形密封容器，放進冰箱冷凍至結霜，取出用叉子刮鬆後，再次放入冰箱冷凍，反覆取出刮鬆數次，即可做成冰淇淋（請參考p.117）。

8 香草蛋奶醬放入冰淇淋機，攪拌成霜淇淋的質感後，倒出並放入調理盆中，暫時放到冰箱冷凍保存。

9 藍莓蛋奶醬也放入冷凍過的冰淇淋機內膽中，製作成藍莓霜淇淋。

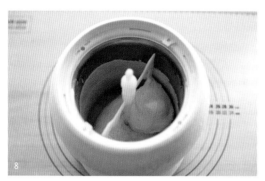 

10 有直徑8cm圓形慕斯模的話，慕斯模鋪一張保鮮膜，攪拌好的霜淇淋分別裝入慕斯模中，高約1.5cm～2cm。若沒有圓形慕斯模，可以將攪拌好的霜淇淋倒入不銹鋼托盤或大的方形烤模中，但高度要在1.5cm～2cm。霜淇淋再次放入冰箱冷凍成冰淇淋。待馬卡龍做好，要夾入冰淇淋時，再用餅乾壓模壓成圓餅形狀即可。

 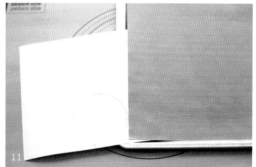

11 製作馬卡龍餅殼。馬卡龍的大小要與準備好的冰淇淋大小一致。馬卡龍的大小確定後，用筆在紙上畫出來，紙樣放在烤盤上，再放上烤盤墊。待馬卡龍餅殼麵糊製作好，就能依照烤盤墊下方的圖樣擠出馬卡龍，擠好再抽出紙樣即可。

12　材料中的杏仁粉和糖粉放入食物調理機（食物料理棒）中攪打一下，使其更細緻並混合均勻。倒出攪打好的杏仁粉和糖粉，過篩2次備用。

13　調理盆中放入蛋白和蛋白粉，用電動攪拌器打出蓬鬆的大氣泡後，加入一半的砂糖，繼續打發蛋白。

14　剩餘的砂糖分2次加入，蛋白打發到出現紋路，成為濕性發泡蛋白霜，加入少許紫色食用色素，再加入比紫色更少量的紅色食用色素，攪拌均勻。

15　調成想要的顏色後，再攪拌一下，打發成乾性發泡蛋白霜。

16　倒入過篩好的杏仁粉和糖粉，用刮刀翻拌均勻。

17　使用刮板微微施壓，將麵糊刮拌開來。

18 反覆刮拌至麵糊變得滑順有光澤，能拉出緞帶般的交疊紋路。但是不要刮拌過久，麵糊會變得太稀，擠出來的馬卡龍麵糊會整個攤平，不會膨脹。

19 口徑1～1.2cm的圓形花嘴與擠花袋組裝好，裝入拌好的麵糊。

 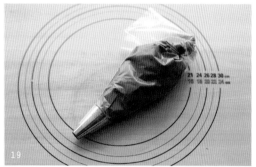

20 依照烤盤墊下方的紙樣，麵糊擠在鋪有烤盤墊的烤盤上，擠好後抽出紙樣。用手在烤盤底部拍幾下，使麵糊稍微擴散，放置在常溫中30～40分鐘，使表面乾燥。

21 用手觸摸麵糊表面，不會黏手即表示乾燥完成。放入以160℃預熱好的烤箱，溫度調降至130℃，烤15～18分鐘。

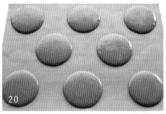  

22 馬卡龍烤好，靜置降溫，食用前從冰箱取出做成圓餅狀的冰淇淋，夾入馬卡龍之間，即可品嘗。若沒有慕斯模，可用圓形餅乾壓模將做好的冰淇淋壓成圓餅狀，再夾入馬卡龍之間即可。組合好的馬卡龍冰淇淋若沒有立刻吃，請放入密封容器，放進冰箱冷凍保存。

蒙地安巧克力

巧克力必須經過調溫的步驟，
使可可脂結晶成為穩定狀態，巧克力才會口感滑順，表面光亮有脆度。
若沒有矽膠巧克力模型，可以直接在烘焙紙上，抹成圓片狀，再放上堅果和果乾即可。

材料

份量　直徑（長）4CM約40個，數量視巧克力的厚度而增減

食材　調溫黑巧克力200G　無花果乾20G　核桃20G　開心果20G
　　　杏仁20G　蔓越莓乾20G

工具

不鏽鋼調理盆　橡皮刮刀　溫度計　矽膠巧克力模型　塑膠擠花袋

作法

1　鋪料用的堅果和果乾切成適當大小。

2　巧克力需要調溫，因此使用導熱性高的
　　不鏽鋼調理盆。不鏽鋼調理盆中放入黑
　　巧克力，下方墊一盆溫熱的水，巧克力
　　隔水加熱融化，請留意不能讓水溢入調
　　理盆內。

3　黑巧克力調溫的第一階段，升高溫度。
　　隔水加熱，使溫度慢慢上升至45～
　　50℃。

4　第二階段要降低溫度。裝有巧克力的調理盆從溫熱水上方移開，改用冷水降溫至27℃。

5　最後階段，重新以溫熱水隔水加熱，增溫至31～32℃。使巧克力結晶成穩定狀態。

6　調溫好的巧克力裝入塑膠擠花袋中。

7　在矽膠巧克力模型內注入薄薄一層巧克力，放上鋪料用的堅果和果乾，靜置在陰涼處，待巧克力凝固，完成。

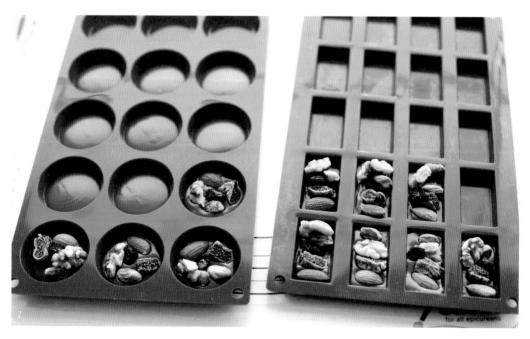

海鹽香草牛奶糖

3-14

使用法國產的鹽之花製作，會比使用一般精鹽更好吃。

若沒有鹽之花可以省略，做成原味牛奶糖。

製作好的手工牛奶糖放置在常溫，很容易潮濕變軟，請務必放入冰箱冷藏保存。

材料
- 份量〈 13CMX13CM方形慕斯模，1個

- 食材〈 奶油25G　透明玉米糖漿（透明麥芽糖）50G　白砂糖150G
　　　動物性鮮奶油175G　香草莢½根　鹽之花（天日鹽）3G

- 工具〈 鍋子2個　耐熱刮刀　烘焙紙　13CMX13CM方形慕斯模或巧克力矽膠模
　　　不鏽鋼托盤1個

作法

1　砂糖、玉米糖漿、奶油放入鍋中，以中小火慢慢熬煮至焦糖化，顏色變成淺咖啡色。

2　熬煮焦糖的同時，取另一個鍋子，放入鮮奶油、鹽之花（2g），並刮入香草籽，加熱煮至鍋緣冒泡後，關火。

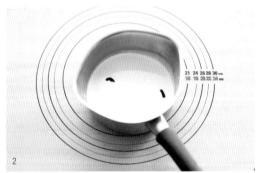

3　砂糖全部融化，並熬煮成焦糖色時，慢慢加入加熱好的鮮奶油，用耐熱刮刀攪拌均勻。倒入鮮奶油時，焦糖會瞬間沸騰，因此要少量地慢慢加入。

4　鍋子重新以中火加熱，並用刮刀攪拌，避免燒焦。持續加熱，直到溫度上升至117～
　118℃。

5　若沒有溫度計，用刮刀沾取一些熬煮中的牛奶糖漿，放入冰水中，若牛奶糖沒有散開融
　化到水中，而是凝結成微軟的塊狀，即表示熬煮完成。

6　慕斯模放在鋪好烘焙紙的不銹鋼托盤
　上，或是直接使用耐熱的巧克力矽膠
　模，倒入熬煮好的牛奶糖漿，剩餘的
　鹽之花1g均勻撒在牛奶糖漿表面。牛
　奶糖漿靜置降溫後，放入冰箱冷藏至
　完全凝固。

7　取出冷卻凝固的牛奶糖，脫模，切成
　適口大小。包裝紙請選用不易沾黏的
　蠟紙或烘焙紙。

熔岩巧克力蛋糕

熔岩巧克力蛋糕沒有完全烘烤熟透，只烤熟外層約30～40％，
中心的巧克力還會流動，是一道要趁熱品嘗的甜點。

材料

份量 〈 鋁箔布丁杯，4個

食材 〈 全蛋2個　黃砂糖60g　香草粉少許　奶油60g
　　　調溫黑巧克力150g　低筋麵粉25g　可可粉15g
　　　糖粉或防潮糖粉少許、藍莓或草莓適量

工具 〈 調理盆　打蛋器　網篩　鋁箔布丁杯　擠花袋　橡皮刮刀　烤盤

作法

1　巧克力和奶油一起隔水加熱融化。

2　全蛋打入調理盆中，稍微打散後，加入黃砂糖和香草粉，用打蛋器攪拌至砂糖融化。倒入融化好的巧克力和奶油，攪拌均勻。

POINT：香草粉也可以用天然的香草籽替代。

3　篩入低筋麵粉和可可粉，攪拌均勻，完成麵糊。麵糊裝入擠花袋中。

4　麵糊填入鋁箔布丁杯中，約7～8分滿即可。放入以180℃預熱好的烤箱，烤10分鐘。烤好後，熔岩巧克力蛋糕從烤箱中取出，撒上糖粉，再放上藍莓或草莓裝飾，完成。請趁熱品嘗。

椰香蛋白霜脆餅

材料中加入抹茶粉或火龍果粉,可以製作成不同顏色的蛋白霜脆餅。
色彩繽紛的蛋白霜脆餅,光看就心情愉悅,也很適合送禮。

材料
- 份量 用湯匙舀，約20個
- 食材 蛋白2個（約72～76G） 糖粉90G 玉米粉3G 椰絲60G
- 工具 調理盆 電動攪拌器（打蛋器） 橡皮刮刀 烤盤 湯匙

作法

1 調理盆中放入蛋白，用電動攪拌器打出蓬鬆的大氣泡後，繼續攪拌，並將糖粉分3次加入，打發成乾性發泡蛋白糖霜。

2 篩入玉米粉，並放入椰絲，用刮刀翻拌均勻。

3 使用2支湯匙，將拌好的蛋白糖霜排列在鋪好烘焙紙的烤盤上。用一支湯匙舀一匙蛋白糖霜，再用另一支湯匙將舀出來的蛋白糖霜刮到烤盤上。蛋白霜脆餅的造型可以自由發揮。放入以100～120℃預熱好的烤箱，烤1小時30分鐘～2小時，用低溫慢慢烤乾水分，完成。

法式熱巧克力

濃郁香甜的法式熱巧克力很適合在寒冷的冬天飲用。夏天則可加入冰塊，製作成冰可可。
沒有可可粉的話，可以將黑巧克力的份量再增加10～20g，和牛奶一起加熱融化即可。

材料

份量〉2人份

食材〉⋅牛奶300g ⋅無糖可可粉10g
⋅調溫黑巧克力40g ⋅調溫牛奶巧克力40g

工具〉⋅鍋子 ⋅打蛋器

作法

1　鍋中放入牛奶、可可
粉、黑巧克力、牛奶
巧克力，以中小火慢
慢加熱。

2　加熱攪拌至巧克力都
融化，也沒有殘餘的
可可粉時，關火，盛
入杯中，完成。

POINT：品嘗法式熱巧克
力，可以搭配少
許鮮奶油霜，喝
起來會更順口。

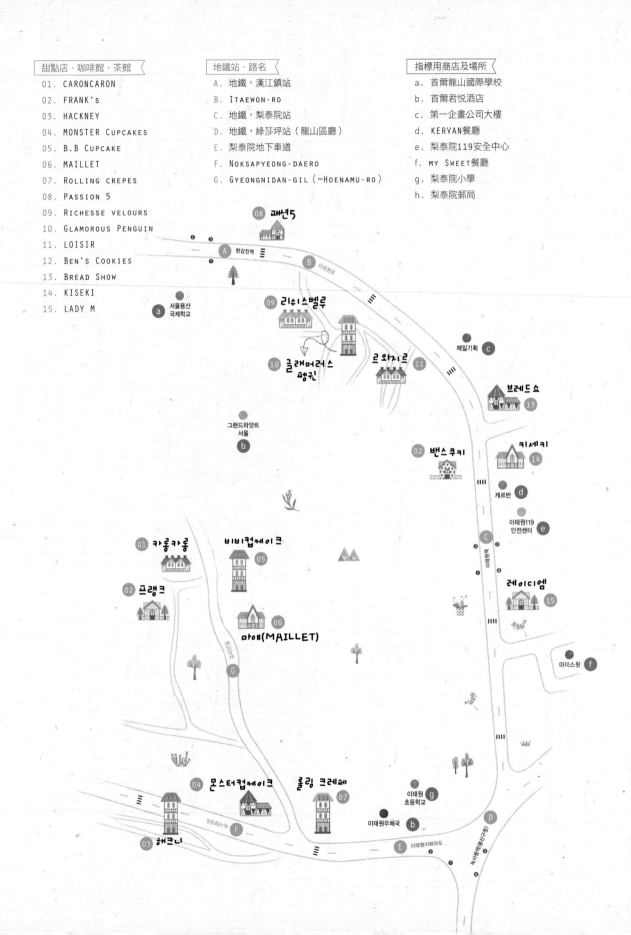

甜點店·咖啡館·茶館

01. CARONCARON
02. FRANK's
03. HACKNEY
04. MONSTER CUPCAKES
05. B.B CUPCAKE
06. MAILLET
07. ROLLING CREPES
08. PASSION 5
09. RICHESSE VELOURS
10. GLAMOROUS PENGUIN
11. LOISIR
12. BEN's COOKIES
13. BREAD SHOW
14. KISEKI
15. LADY M

地鐵站·路名

A. 地鐵，漢江鎮站
B. ITAEWON-RO
C. 地鐵，梨泰院站
D. 地鐵，綠莎坪站（龍山區廳）
E. 梨泰院地下車道
F. NOKSAPYEONG-DAERO
G. GYEONGNIDAN-GIL（=HOENAMU-RO）

指標用商店及場所

a. 首爾龍山國際學校
b. 首爾君悅酒店
c. 第一企畫公司大樓
d. KERVAN餐廳
e. 梨泰院119安全中心
f. MY SWEET餐廳
g. 梨泰院小學
h. 梨泰院郵局

PART ④
梨泰院

梨泰院是許多旅居首爾的外國人聚集之
處，其中又以經理團路最具代表性，擁
有許多異國餐廳、酒吧，可以說是全首
爾最能感受到異國文化的地方。想在首
爾品嘗異國美食，一定要來梨泰院走一
遭。

4-1	藍莓夏洛特
4-2	香蕉布丁
4-3	彩虹蛋糕捲
4-4	胡蘿蔔蛋糕
4-5	法式生巧克力塔
4-6	草莓脆皮蛋糕捲
4-7	香草焦糖布丁
4-8	檸檬蛋糕
4-9	草莓三明治
4-10	OREO餅乾杯子蛋糕
4-11	雙倍巧克力餅乾
4-12	德式鐵鍋煎餅
4-13	紅茶酥餅
4-14	白巧克力豆夏威夷豆餅乾
4-15	牛奶抹醬
4-16	能多益巧克力蛋糕
4-17	蒙布朗

藍莓夏洛特

使用直徑13cm的慕斯模，手指餅乾圍邊的高度要比慕斯模再高一點，才能裝入更多慕斯。
使用直徑15cm的慕斯模，手指餅乾圍邊與慕斯模等高即可。
慕斯材料中的原味優格，可以使用奶油乳酪和馬斯卡彭乳酪混合替代。

材料

份量 〈 直徑13CM迷你慕斯模，1個

食材 〈 ◆ 新鮮藍莓適量 ◆ 糖粉或防潮糖粉少許

◆ 藍莓果泥：藍莓300G、黃砂糖30～40G、檸檬汁15G

◆ 手指餅乾圍邊及底部：蛋白2個、蛋黃2個、白砂糖60G、低筋麵粉62G、糖粉適量

◆ 藍莓優格慕斯：藍莓果泥100G、動物性鮮奶油100G、無糖原味優格100G、吉利
丁片3.5G、黃砂糖23G

◆ 酒漬藍莓：藍莓約40G、黃砂糖5G、藍莓香甜酒（或黑醋栗香甜酒）約10G

◆ 糖漿：藍莓果泥少許

工具 〈

◆ 調理盆 ◆ 耐熱刮刀 ◆ 電動攪拌器 ◆ 電動食物料理棒 ◆ 打蛋器 ◆ 刀子
◆ 烤盤 ◆ 烘焙紙 ◆ 慕斯模 ◆ 鍋子 ◆ 刷子 ◆ 圓形花嘴 ◆ 擠花袋 ◆ 網篩

作法

1 製作藍莓果泥。藍莓、黃砂糖、檸檬汁放入鍋中，稍微攪拌均勻，靜置醃漬一下。砂糖
融化後，以中火加熱，煮10～15分鐘。

2 趁熱用電動食物料理棒將煮過的藍莓攪成泥狀，再放入消毒過的玻璃瓶中保存。此材料
的份量做出來的果泥較多，除了製作這道食譜的慕斯，剩餘的藍莓果泥可以用於其他食
譜，也可以搭配麵包或優格食用。

1-1

1-2

2

3　製作慕斯所需的藍莓果泥100g放入鍋中，備用。

4　製作手指餅乾麵糊。取一個調理盆，放入蛋白，用電動攪拌器打出大氣泡後，白砂糖分3～4次放入，持續攪打蛋白，打發成乾性發泡蛋白霜，拉起打發好的蛋白霜會呈錐狀挺立。

5　蛋黃打散後，倒入蛋白霜中，用刮刀輕柔地翻拌均勻。再篩入低筋麵粉，用刮刀順著調理盆的弧度由底部往上，快速且輕柔地翻拌均勻，完成手指餅乾麵糊。口徑8mm～1cm的花嘴和擠花袋組裝好，裝入手指餅乾麵糊。

6　麵糊擠在鋪好烘焙紙的烤盤上。先擠出一條條並連的條狀麵糊，作為圍邊用的手指餅乾，長度比慕斯模高一點，寬度等於慕斯模圓周長。再擠2片比慕斯模直徑稍微小一點的圓形餅乾片。剩餘的麵糊擠成心形或小圓餅狀，烘烤後可以當作裝飾。麵糊都擠好後，表面用網篩撒上2次糖粉。

7　放入以180℃預熱好的烤箱，烤10～12分鐘。烤好立刻脫模並靜置稍微降溫。圍邊用的手指餅乾將其中一邊裁切整齊，以方便豎立。圓形餅乾片也裁切成能密合圍邊餅乾的大小。

8　圍邊的手指餅乾先豎立起來，沿著慕斯模內側圍一圈，取一片圓形餅乾片鋪入底部。

9　製作藍莓優格慕斯。吉利丁片先以冰水浸泡10分鐘軟化。酒漬藍莓的所有材料拌勻，靜置醃漬入味。

10　冰涼的鮮奶油倒入調理盆中，下方墊一盆冰塊水，維持冷度，用電動攪拌器攪打鮮奶油至7分發，開始出現紋路，變成具有濃厚流質感的鮮奶油霜，放入冰箱冷藏暫存。鮮奶油霜若打發過頭，之後會很難和其他食材混合均勻。

11 黃砂糖放入預先準備好裝有藍莓果泥的鍋中，用中小火加熱至鍋緣冒泡。煮滾之前就立即關火，泡軟的吉利丁片擰乾，放入藍莓果泥中，攪拌均勻。

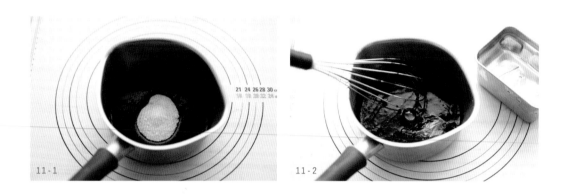

11-1　　　　　　　　　　11-2

12 藍莓果泥稍微靜置降溫後，加入原味優格拌勻。

13 從冰箱取出鮮奶油霜，再稍微攪打一下。1/3鮮奶油霜倒入藍莓優格果泥中，用打蛋器攪拌均勻。再倒入剩餘的鮮奶油霜，用刮刀翻拌均勻，完成藍莓優格慕斯。

12

13-1

13-2

14 醃漬好的酒漬藍莓瀝乾汁液備用。並準備好當作糖漿塗刷用的藍莓果泥。

15 用刷子將藍莓果泥塗刷在2片圓形餅乾片表面。

16 藍莓優格慕斯倒入鋪有手指餅乾的慕斯模內，約5分滿即可。1/2酒漬藍莓鋪在慕斯表面，再放上另一片圓形餅乾片，剩餘的酒漬藍莓鋪在慕斯表面。放入冰箱冷凍2～3小時，使慕斯凝固。

17 烤好的裝飾小圓餅用剩餘的慕斯黏合成圓球狀，備用。慕斯蛋糕冷凍凝固後，從冰箱中取出，拿掉慕斯模，表面鋪滿新鮮藍莓，並放上裝飾用的小圓球或愛心，完成。

4-2 香蕉布丁

卡士達醬可以用來製作布丁或泡芙，製作完成要盡快做成甜點並食用完畢。
即使放在冰箱保存，也很快會酸敗壞掉。添加了卡士達醬的甜點請盡可能當天食用。

材料

份量〈 直徑7cm×高9.5cm圓筒形塑膠甜點杯，3個

食材〈 ◆ 動物性鮮奶油200g ◆ 白砂糖18g ◆ 香蕉3根

◆ 雞蛋餅乾（直徑3.5cm43個）：奶油70g、白砂糖60g、鹽少許、全蛋1個、蛋黃1個、香草籽少許、低筋麵粉100g、杏仁粉20g、糖粉20g

◆ 卡士達醬：牛奶250g、香草莢½根、蛋黃40g、白砂糖60g、玉米粉20g

工具〈
◆ 電動攪拌器 ◆ 打蛋器 ◆ 調理盆 ◆ 網篩 ◆ 橡皮刮刀 ◆ 塑膠擠花袋 ◆ 烤盤
◆ 甜點杯 ◆ 圓形花嘴 ◆ 不鏽鋼托盤

作法

1　製作放入布丁中的雞蛋餅乾。也可以使用市售的現成餅乾替代，但是自己做別有一番風味，做法也很簡單。不想做這麼多雞蛋餅乾，可以只製作一半，餅乾材料全部減半即可。常溫軟化的奶油放入調理盆，稍微打散後，加入砂糖和鹽，攪打到奶油顏色泛白。

2　先加入蛋黃，攪打到全部融入奶油後，再加入蛋白，攪打到蛋白也融入奶油。刮入香草籽拌勻，再篩入低筋麵粉、杏仁粉、糖粉，用刮刀翻拌均勻。

3　圓形花嘴和擠花袋組裝好，裝入餅乾麵糊。

4　麵糊擠在鋪好烘焙紙的烤盤上，整齊排列並保持間距，每個麵糊直徑3.5cm。放入以170℃預熱好的烤箱，烤15～20分鐘，烤出金黃色澤後，取出靜置降溫。

5　製作卡士達醬。取一個鍋子，放入牛奶並刮入香草籽，以小火加熱，鍋緣開始冒泡時，即可關火。

6　取一個調理盆，放入蛋黃打散後，放入砂糖一起打發成鵝黃色細緻泡沫，再放入玉米粉拌勻。

7　加熱好的香草籽牛奶一次全部倒入蛋黃泡沫中，用打蛋器快速攪拌均勻。

8　使用網篩過濾，攪拌好的蛋奶液倒回鍋中。

9　蛋奶液以中火加熱，並用打蛋器持續攪拌，避免底部燒焦。蛋奶液變得濃稠、光滑，冒出大氣泡時，即可離火，完成初步的卡士達醬。

10　卡士達醬倒入不鏽鋼托盤中攤平，覆蓋保鮮膜並緊密貼合卡士達醬，隔絕空氣。墊一盆冰塊水或是直接放入冰箱冷藏，加速冷卻。

11 取一個調理盆，倒入冰涼的鮮奶油，下方墊一盆
冰塊水，保持鮮奶油的冷度，用電動攪拌器攪
打，鮮奶油開始起泡時，加入砂糖攪打成全打發
的硬挺鮮奶油霜。

12 取一個調理盆，放入冷卻好的卡士達醬，用打蛋器先攪拌成滑順狀態，再將打發好的鮮
奶油霜分2〜3次加入卡士達醬中，用刮刀翻拌均勻，成為輕卡士達醬。圓形花嘴和擠花
袋組裝好，填入製作好的輕卡士達醬。

13 香蕉切片。每個甜點杯要準備1根香蕉切成的香蕉片。

14 甜點杯中先擠入一些輕卡士達醬，放入2片雞蛋餅乾，再放入3〜4片香蕉片。依照輕卡
士達醬→雞蛋餅乾→香蕉片的順序，一層一層堆疊至甜點杯口。

15 最後在表面擠上輕卡士達醬，用抹刀抹平。蓋上甜點杯的蓋子，放入冰箱冷藏，冰涼後
即可品嘗美味的香蕉布丁。

彩虹蛋糕捲

切蛋糕捲時，刀子先用熱水浸泡一下並擦乾水分再切，切出來的蛋糕斷面就會很乾淨漂亮。

材料

份量 30cmx30cm蛋糕捲烤盤，1個

食材

◆ 彩虹蛋糕：蛋黃5個、白砂糖（打發蛋黃用）30g、蜂蜜10g、動物性鮮奶油
15g、蛋白4個、白砂糖（打發蛋白霜用）80g、低筋麵粉90g（分成6等份，每
份15g）、食用色素少許（使用惠爾通食用色膏的正紅、檸檬黃、凱莉綠、皇家
藍、紫羅蘭紫）

◆ 內餡：動物性鮮奶油200g、紅茶粉1g、香草籽少許、白砂糖15g

工具

◆ 調理盆 ◆ 電動攪拌器（打蛋器） ◆ 橡皮刮刀 ◆ 抹刀 ◆ 網篩
◆ 烘焙紙（油紙） ◆ 口徑1cm花嘴 ◆ 擠花袋 ◆ 蛋糕捲烤盤（或一般烤盤）

作法

1 準備好5種顏色的食用色膏。彩虹蛋糕捲中的橘色是使用正紅色和檸檬黃色膏調和而
成。

2 蛋糕捲烤盤內鋪好烘焙紙。烘焙紙對摺出一條對角線摺痕。

3 麵糊調好後，為了將6種顏色的麵糊盡快擠到烤盤中，請預先將6個花嘴和擠花袋分別組
裝好，並套在紙杯中，擠花袋袋口打開。花嘴要向上反摺，以防止麵糊填入時，從花嘴
口流出。

4 若將麵粉一次篩入拌勻成麵糊，再分成6份調色，攪拌時間過久，麵糊中的蛋液泡沫很容易消泡，蛋糕膨脹不起來。麵粉和色素要同時加入，再拌勻成麵糊，以減少攪拌時間，為了快速拌好6種顏色的麵糊，請預先將麵粉分成6等份，每份各15g。

5 事前準備完成後，開始製作蛋糕。調理盆中放入蛋黃，稍微打散後，放入砂糖和蜂蜜，用電動攪拌器打發成鵝黃色的細緻泡沫。倒入常溫的鮮奶油拌勻成為蛋黃糊。調理盆用保鮮膜封口，防止拌好的蛋黃糊表面風乾。

6 製作蛋白霜。取另一個調理盆，放入蛋白，用電動攪拌器打出大氣泡後，持續攪拌並加入1/2砂糖一起攪拌均勻，再將剩餘的砂糖分2次加入，打發成挺立的乾性發泡蛋白霜。

7　打發好的蛋白霜分3次拌入蛋黃糊中，用刮刀輕柔地攪拌均勻後，蛋糕分成6等份，分別裝入不同的調理盆中，每份蛋糕的份量大約是56～58g（依據使用的雞蛋大小或打發程度不同，份量會有所增減）。

8　麵粉分別拆入各調理盆的蛋糕中，並用竹籤沾取不同的色膏加入。沾取色膏時，請將竹籤放入色膏中沾2次，沾附較厚的色膏，調出來的顏色才會飽和。

9　6盆麵糊分別用刮刀快速且輕柔地翻拌均勻。

10　6色麵糊分別裝入事先準備好的擠花袋中。

11　從中間的對角線摺痕開始，依照彩虹的顏色順序擠麵糊，每個顏色各擠2～3條，擠滿半邊三角形。另外半邊三角形也從中間的對角線摺痕開始，但是以相反的彩虹顏色順序擠滿麵糊。麵糊擠好，放入以170℃預熱好的烤箱，烤8～10分鐘。

12 製作內餡。先打發鮮奶油，冰涼的鮮奶油倒入調理盆中，下方墊一盆冰塊水，維持冷度，用電動攪拌器攪打至稍微起泡後，放入砂糖一起打發。

13 加入紅茶粉，攪打至全打發，成為硬挺、不會流動的鮮奶油霜。

14 彩虹蛋糕烤好並靜置冷卻後，將烘烤時頂部的那一面朝上，放置在烘焙紙上，用抹刀抹上內餡。

15 用手抓著烘焙紙，像捲壽司一樣，將抹好內餡的彩虹蛋糕捲成圓筒狀。放入冰箱冷藏30分鐘以上。

16 蛋糕捲冰涼後，用麵包刀或刀子切成圓片，完成。

4-4 胡蘿蔔蛋糕

拌入蛋糕麵糊中的葡萄籽油可以用其他食用油代替，
但是不要選擇橄欖油或香油等具有獨特香氣的油品，
建議選用沙拉油、葵花油等沒有香味的食用油替代。

材料

份量 〈 直徑13～15CM圓形烤模，1個

食材 〈

◆ 蛋糕：全蛋2個、黃砂糖90G、鹽少許、葡萄籽油55G、低筋麵粉120G、杏仁粉20G、泡打粉3G、小蘇打粉1G、肉桂粉1G、肉豆蔻粉少許、胡蘿蔔120G、核桃40G

◆ 乳酪餡：奶油乳酪100G、動物性鮮奶油50G、糖粉15G、檸檬汁少許

工具 〈

◆ 調理盆 ◆ 電動攪拌器（打蛋器） ◆ 橡皮刮刀 ◆ 抹刀
◆ 烘焙紙（油紙） ◆ 圓形烤模

作法 〈

1　核桃切小塊後，放入180℃的烤箱，烤5～7分鐘後，取出靜置冷卻。

2　胡蘿蔔刨成細絲。

3　調理盆中放入全蛋，稍微打散後，放入黃砂糖，攪打至砂糖完全融化，蛋液膨脹成泡沫且蛋液顏色比原先變淺一點。

4　葡萄籽油以少量多次方式加入並攪拌均勻，再篩入低筋麵粉、杏仁粉、泡打粉、小蘇打粉、肉桂粉、肉豆蔻粉，用刮刀翻拌均勻。

5　放入胡蘿蔔拌勻後，再放入冷卻好的核桃一起攪拌均勻。

6　麵糊倒入鋪好烘焙紙的烤模中，放入以160～170℃預熱好的烤箱，烤35～40分鐘。

7　蛋糕烤好後，立刻脫模，放置在冷卻網上降溫。蛋糕冷卻後，橫切成3片有點厚度的片狀。頂部隆起的部分切片，會大小不一，因此捨棄不用，可以直接吃掉。只使用大小一致的胡蘿蔔蛋糕做最後的裝飾，裝飾出來的蛋糕會更整潔美觀。

8　取一個調理盆，放入馬斯卡彭乳酪，稍微打散之後，放入糖粉和檸檬汁拌勻，若不喜歡檸檬的酸味，檸檬汁可以省略不放。再倒入鮮奶油，攪打至全打發，呈硬挺且不會流動的狀態，完成乳酪餡。

9　使用抹刀，將胡蘿蔔蛋糕片和乳酪餡以一層蛋糕、一層乳酪餡的方式往上堆疊，完成。

法式生巧克力塔

在烤好的塔皮內塗巧克力甘納許之前,先塗上一層焦糖,就是市售的焦糖巧克力塔了。
生巧克力塔中,可以再添加自己喜愛的堅果或果乾喔!

材料

份量 〈 直徑7CM菊花塔模，12個

食材 〈 果醬少許（可以選擇自己喜愛的果醬，也可以省略不加）
　・ 塔皮：奶油80G、糖粉40G、鹽少許、全蛋28G、低筋麵粉130G、杏仁粉20G、
　　　 香草粉少許、手粉（低筋麵粉）少許
　・ 巧克力甘納許：調溫黑巧克力100G、調溫牛奶巧克力100G、動物性鮮奶油
　　　 100G、蜂蜜15G、奶油20G

工具 〈
　・ 調理盆 ・ 打蛋器 ・ 網篩 ・ 鍋子 ・ 耐熱刮刀 ・ 刮板 ・ 擠花袋
　・ 直徑7CM菊花塔模或杯型烤模 ・ 烘焙紙杯 ・ 塑膠袋或保鮮膜 ・ 圓形餅乾壓模

作法

1　製作塔皮。低筋麵粉、杏仁粉、糖粉、鹽、香草粉一起篩入調理盆，再將冰涼的奶油切
　　小塊後，加入調理盆中，用刮板反覆剁切奶油，使奶油與麵粉均勻混合。

2　奶油變得細碎且均勻裹上麵粉後，用指尖快速搓捏成砂粒狀。全蛋（建議使用冰涼的雞
　　蛋）打散，倒入麵粉中央，用刮板反覆剁切，使蛋液與麵粉充分混合成鬆散的麵團。

3　麵團放到工作檯上，用手掌底端將麵團往前推揉，重複此動作3次，使麵團緊實。用刮板將麵團聚合後，放入塑膠袋中包好並稍微壓平，放進冰箱冷藏鬆弛1小時。

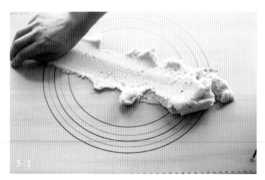
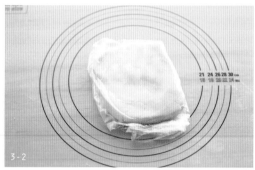

4　鬆弛好的麵團撒上手粉，擀開成厚2mm的平面，使用直徑10cm的圓形餅乾壓模壓成圓形塔皮。

5　運用指腹將塔皮緊密壓入塔模或杯型烤模中。塔皮底部用叉子戳一些氣孔，放入冰箱冷藏鬆弛一下。

6　待塔模變冰涼，從冰箱中取出。塔皮蓋上一張烘焙紙杯，再填滿烘焙石，放入以180℃預熱好的烤箱，烤20分鐘。

7 塔皮烤好，馬上拿掉烘焙石和烘焙紙，再放回烤箱，烤10分鐘。塔皮烤至金黃酥脆。烤好的塔皮靜置冷卻後，在塔皮內抹上薄薄一層自己喜愛的果醬。若不喜歡果醬，可以做好巧克力海綿蛋糕，切成薄片後鋪入。

8 製作巧克力甘納許。鮮奶油和蜂蜜加熱煮至鍋緣冒泡。取一個調理盆，放入黑巧克力和牛奶巧克力，隔水加熱融化。

9 加熱好的鮮奶油慢慢倒入融化好的巧克力中，用刮刀攪拌均勻後，趁熱放入常溫軟化的奶油拌勻。拌好的巧克力甘納許裝入擠花袋，沒有擠花袋，也可以直接用湯匙舀入塔皮內。

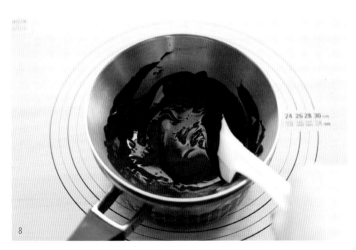  

10 趁熱將巧克力甘納許填入塔皮內，靜置使巧克力甘納許表面變平坦。稍微降溫後，放入冰箱冷藏30分鐘以上，使巧克力完全冷卻、凝固。若有金箔，可放上一點金箔裝飾。

草莓脆皮蛋糕捲

擠脆皮蛋糕麵糊時，麵糊之間不留縫隙的話，烤出來的蛋糕會比麵糊厚度更厚一點。

麵糊之間留一點縫隙，烤的時候麵糊會稍微擴散，烤出來的蛋糕會薄一點。

另外，花嘴的口徑也能影響蛋糕的厚度。口徑小的花嘴，擠出來的麵糊比較薄；

口徑大的花嘴，擠出來的麵糊比較厚。

材料

份量〉 30cm×25cm烤盤1個，或30cm×30cm烤盤1個

食材〉 草莓1袋

· 脆皮蛋糕：蛋黃3個、白砂糖（打發蛋黃用）30g、蛋白3個、白砂糖（打發蛋
  白用）60g、低筋麵粉85g、玉米粉5g、糖粉少許

· 內餡：動物性鮮奶油300g、白砂糖22g、香草籽少許

· 糖漿：白砂糖25g、水50g、草莓香甜酒1大匙（可省略）

工具〉

· 調理盆 · 橡皮刮刀 · 電動攪拌器（打蛋器） · 網篩 · 烘焙紙或油紙
· 烤盤或蛋糕捲烤盤 · 圓形花嘴 · 擠花袋 · 抹刀 · 刀子 · 鍋子

作法

1　草莓洗靜並切掉蒂頭後，擦乾水分，備用。糖漿材料中的砂糖和水拌勻，加熱煮至砂糖
融化，靜置冷卻，再放入草莓香甜酒拌勻。

2　製作脆皮蛋糕。全蛋的蛋白和蛋黃分開盛裝，先打發蛋黃。取一個調理盆，放入蛋黃和
白砂糖，用電動攪拌器打發成鵝黃色細緻泡沫。

3　裝有蛋黃糊的調理盆先用保鮮膜封口，防止蛋黃糊的表面風乾。

4　打發蛋白霜。取一個調理盆，放入蛋白，用電動攪拌器打出大氣泡後，砂糖以少量多次方式加入，持續攪拌，打發成乾性發泡蛋白霜，拉起打發好的蛋白霜會呈錐狀挺立。

5　蛋白霜分3次拌入蛋黃糊中，用刮刀翻拌均勻後，篩入低筋麵粉、玉米粉，用刮刀順著調理盆的弧度由底部往上，輕柔地翻拌均勻，完成脆皮蛋糕麵糊。

6　口徑8mm或1cm的圓形花嘴和擠花袋組裝好，裝入拌好的麵糊。以畫斜線的方式將麵糊擠在鋪好烘焙紙的烤盤中。麵糊擠好後，在表面撒上2次糖粉。

7　放入以180℃預熱好的烤箱，烤10～12分鐘。烤好馬上從烤箱中取出、脫模，稍微靜置降溫後，盡速塗抹內餡。

8　製作內餡。冰涼的鮮奶油放入調理盆，下方墊一盆冰塊水，維持冷度，加入砂糖，並刮入香草籽，以電動攪拌器打發成硬挺的香草鮮奶油霜。

9　桌面鋪一張新的烘焙紙，脆皮蛋糕表面朝下放置。糖液塗刷在脆皮蛋糕內層後，用抹刀抹上打發好的香草鮮奶油霜。內餡上面先用整粒草莓排一列，再用切對半的草莓排一列。

10　用手抓著烘焙紙，像捲壽司一樣，將抹好內餡的脆皮蛋糕捲成圓筒狀。若有剩餘的內餡，用抹刀將蛋糕捲兩側填滿。捲好的蛋糕捲不要直接切，用烘焙紙包好，放入冰箱冷藏30分鐘以上。

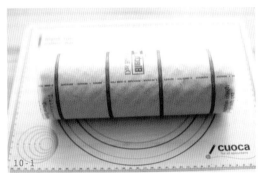 

11　圓形花嘴和擠花袋組裝好，裝入剩餘的內餡，放入冰箱冷藏。蛋糕捲冰涼後，從冰箱取出，用剩餘的內餡在蛋糕頂部擠出幾個小圓球，再放上切成對半的草莓裝飾，完成。

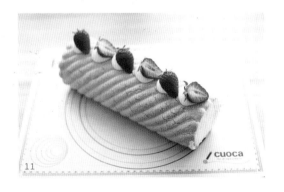

4-7 香草焦糖布丁

布丁材料中可以添加奶油乳酪，製作成乳酪布丁，或是添加咖啡，製作成咖啡口味的布丁。

材料

份量〉 80ml玻璃布丁瓶，4個

食材〉

• 焦糖液：白砂糖50g、熱水50g

• 布丁：蛋黃2個、白砂糖30g、牛奶250g、動物性鮮奶油30g、吉利丁片4g、香草莢¼根

工具〉

• 鍋子 • 耐熱刮刀 • 打蛋器 • 網篩 • 刀子 • 玻璃布丁瓶

作法〉

1　製作焦糖糖漿。鍋中放入砂糖，用中火煮至焦糖化，變成褐色。關火，慢慢加入熱水。

2　重新開火再煮2分鐘後，關火。煮好的焦糖糖漿倒入貯存容器，靜置放涼。

3　吉利丁片以冰水浸泡5分鐘以上，充分軟化。

4　香草莢剖開，刮出香草籽，備用。

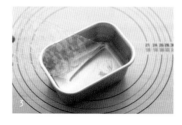

5　取一個鍋子，放入牛奶、鮮奶油、香草籽，加熱至鍋緣冒泡。

6　取一個調理盆，放入蛋黃打散，再放入砂糖，用打蛋器打發成鵝黃色細緻泡沫後，慢慢倒入加熱好的牛奶和鮮奶油，攪拌均勻。

7　蛋奶液倒回鍋中，以中小火加熱，用耐熱刮刀以畫8字的方式緩慢且持續地攪拌。

8　蛋奶液變得有些濃稠，成為蛋奶醬時，用刮刀舀起蛋奶醬，再用手指刮出一條痕跡，若痕跡清楚且維持不變，就表示達到所需的濃稠度。關火，泡軟的吉利丁片擰乾，放入蛋奶醬中，用刮刀攪拌均勻。

9　使用網篩過濾，煮好的蛋奶醬倒入調理盆，下方墊一盆冷水或冰塊水，加速蛋奶醬降溫。

10　蛋奶醬降溫後，分別裝入布丁瓶，放入冰箱冷藏2～3小時，使其冷卻、凝固。食用前，淋上適量的焦糖糖漿，完成。

4-8 檸檬蛋糕

想徹底去除檸檬表面的臘，請用小蘇打粉或粗鹽搓揉表面，
放入熱水中燙一下，再放入冷水中搓洗乾淨。檸檬可以用柳橙替代，做成柳橙蛋糕。

材料

份量〈 直徑15CM造型烤模或圓形烤模，1個

食材〈
◆ 奶油100G ◆ 白砂糖60G ◆ 蜂蜜20G ◆ 鹽少許 ◆ 蛋黃4個
◆ 蛋白35G ◆ 白砂糖（打發蛋白霜用）10G ◆ 動物性鮮奶油35G
◆ 檸檬皮末4G ◆ 香草籽少許 ◆ 檸檬汁15G ◆ 檸檬香甜酒15G
◆ 低筋麵粉120G ◆ 玉米粉10G ◆ 泡打粉2G ◆ 奶油（塗刷烤模用）
◆ 糖霜：糖粉100G、水15G、檸檬香甜酒15G

※蛋糕材料中的檸檬香甜酒和香草籽，如果沒有，可以省略不放。糖霜材料的香
甜酒可以用水或牛奶替代。

工具〈

◆ 調理盆 ◆ 橡皮刮刀 ◆ 電動攪拌器（打蛋器） ◆ 刷子 ◆ 網篩 ◆ 造型烤模
◆ 果皮刨絲器或果皮銼刀 ◆ 冷卻網

作法

1　製作檸檬皮末。檸檬表面用小蘇打粉或粗鹽搓洗乾淨後，用果皮銼刀刨取表皮黃色部
分，成為檸檬皮末，備用。蛋糕烤模塗刷奶油後，放入冰箱冷藏，備用。

2　常溫軟化的奶油放入調理盆中，用電動攪拌器打散，倒入砂糖、蜂蜜、鹽，繼續攪打直
到奶油顏色泛白。蛋黃以一次一個的方式加入奶油中一起攪打，直到蛋液完全融入奶油
中。

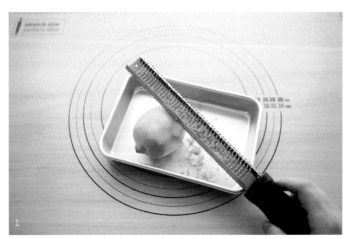
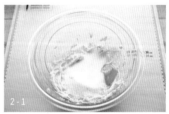

3　放入檸檬皮末，並刮入香草籽，鮮奶油以少量多次的方式加入奶油中拌勻，再加入檸檬
　　汁和檸檬香甜酒攪拌均勻。

4　篩入低筋麵粉、玉米粉、泡打粉，用刮刀翻拌均勻。

5　打發蛋白霜。取另一個調理盆，放入蛋白，用電動攪拌器打出大氣泡後，持續攪拌並加
　　入砂糖10g，打發成挺立的乾性發泡蛋白霜。打發好的蛋白霜分2次拌入檸檬麵糊中，翻
　　拌均勻。

6　從冰箱取出塗刷過奶油的蛋糕烤模，烤模內撒上手粉，再倒掉多餘手粉。

7　麵糊倒入烤模中，放
　　入以170℃預熱好的烤
　　箱，烤30分鐘。烤好
　　取出並脫模，放置在
　　冷卻網上降溫一下。

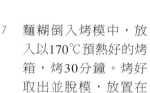 

8　糖霜材料拌勻。

9　蛋糕連同冷卻網放置
　　在不鏽鋼托盤或調理
　　盆上，淋上糖霜，靜
　　置等待糖霜風乾，或
　　是放入尚有餘溫的烤
　　箱，使糖霜更快速變
　　乾。

草莓三明治

打發乳酪餡時，調理盆下方要墊一盆冰塊水，打發好的乳酪餡才會穩定而不易消泡。
草莓可以用奇異果或哈密瓜代替，製作成不一樣的水果三明治。

材料
- 份量 2人份
- 食材 ◆ 土司4片 ◆ 大草莓12顆 ◆ 動物性鮮奶油200G ◆ 馬斯卡彭乳酪40G ◆ 白砂糖20G ◆ 香草籽少許
- 工具 ◆ 調理盆 ◆ 打蛋器或電動攪拌器 ◆ 橡皮刮刀 ◆ 抹刀 ◆ 保鮮膜 ◆ 不鏽鋼托盤

作法

1　草莓洗淨後，切除蒂頭，並擦乾水分，備用。土司切邊。

2　調理盆中放入馬斯卡彭乳酪，稍微打散後，加入少許鮮奶油拌勻，再將剩餘的鮮奶油全部倒入乳酪餡中，攪打一下，放入砂糖並刮入香草籽，繼續攪打至全打發，呈硬挺且不會流動的狀態，完成乳酪餡。

3　取2片土司各抹上滿滿的乳酪餡，乳酪餡上面鋪滿草莓。若使用的草莓比較小，請多放一點草莓。

4　剩餘的2片土司覆蓋上去，稍微壓一下。壓的時候，乳酪餡從旁邊溢出，請用抹刀刮乾淨。

5　用保鮮膜將草莓三明治包裹好，放入冰箱冷藏30分鐘。待內餡變涼，用刀子對切成兩半，完成。

4-10 Oreo餅乾杯子蛋糕

製作乳酪糖霜，可以將Oreo餅乾打碎成粉末狀，

加入乳酪糖霜中一起拌勻，成為Oreo乳酪糖霜。

不喜歡加頂部的糖霜，可以省略不做，直接品嚐Oreo瑪芬也很美味。

材料

份量〈 一般杯型烤模，6～7個

食材〈

◆ 杯子蛋糕：奶油80g、白砂糖60g、蜂蜜20g、鹽少許、香草籽少許、全蛋1
  個、蛋黃1個、低筋麵粉120g、泡打粉1小匙（4g）、動物性鮮奶油60g、去除
  夾餡的ORE0餅乾20g、含夾餡的ORE0餅乾30g

◆ 乳酪糖霜：奶油乳酪150g、奶油75g、糖粉150g

◆ 裝飾：ORE0餅乾3～4個

工具〈

◆ 調理盆 ◆ 打蛋器（電動攪拌器） ◆ 橡皮刮刀 ◆ 杯型烤模 ◆ 烘烤紙杯 ◆ 網篩
◆ 抹刀 ◆ 擠花袋 ◆ 星形花嘴

作法

1 去除夾餡的Oreo餅乾放入塑膠袋，用擀麵棍擀成碎末。含餡的Oreo餅乾，直接用手掰成
  1/4或1/6小塊狀。

2 常溫軟化的奶油放入調
  理盆，稍微打散後，加
  入砂糖、蜂蜜和鹽，攪
  打到奶油顏色泛白。

3 分次倒入全蛋和蛋黃，
  攪打到蛋液完全融入奶
  油中。鮮奶油也加入一
  起攪拌至完全融入奶油
  中。

4 低筋麵粉、泡打粉一起
  篩入奶油中，再加入壓
  碎的Oreo餅乾碎末，用
  橡皮刮刀翻拌均勻。再
  加入掰成小塊的Oreo餅
  乾，稍微攪拌幾次。

5　杯型烤模中鋪上烘烤紙杯，盛入麵糊。放入以170℃預熱好的烤箱，烤25～30分鐘。烤好將杯子蛋糕脫模，放置在冷卻網上降溫。

6　製作乳酪糖霜。常溫軟化的奶油乳酪放入調理盆，稍微打散後，加入常溫軟化奶油一起攪拌均勻。再倒入糖粉攪拌，此時若直接用電動攪拌器攪拌，糖粉很容易飛濺四散，請先用橡皮刮刀稍微拌勻，再用電動攪拌器攪拌均勻。

7　星形花嘴和擠花袋組裝好，裝入乳酪糖霜。

8　乳酪糖霜擠在冷卻的Oreo餅乾杯子蛋糕頂部。

9　裝飾用的Oreo餅乾掰成兩半，各插一片在乳酪糖霜上，再將剩餘的Oreo餅乾捏成碎末，撒在乳酪糖霜表面，完成。

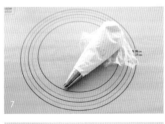

4-11 雙倍巧克力餅乾

蔓越莓乾可以用葡萄乾或自己喜歡的其他果乾替代。

材料

份量〈 直徑11CM，11〜12片

食材〈
+ 奶油120G + 黑糖40G + 白砂糖45G + 調溫黑巧克力50G
+ 鹽0.5〜1G、全蛋1個（52〜53G） + 低筋麵粉110G + 高筋麵粉80G
+ 無糖可可粉8G + 泡打粉¼小匙 + 小蘇打粉¼小匙
+ 巧克力豆（拌入麵團用）30G + 蔓越莓乾（拌入麵團用）20G
+ 巧克力豆（鋪在餅乾表面用）20G + 蔓越莓乾（鋪在餅乾表面用）10G

工具〈
+ 調理盆 + 打蛋器（電動攪拌器） + 橡皮刮刀
+ 球徑3CM冰淇淋勺或圓形湯匙、烤盤

作法

1 材料中的調溫黑巧克力先以隔水加熱的
方式融化，備用。常溫軟化的奶油放入
調理盆，用打蛋器打散後，加入黑糖、
白砂糖、鹽，攪打到顏色比原先稍微淺
一點。

2 分次加入打散的全蛋液，持續攪拌到蛋
液完全融入奶油中。倒入融化好的巧克
力，攪拌均勻。

3 篩入低筋麵粉、高筋麵粉、可可粉、泡打粉、小蘇打粉、用刮刀以畫11的方式將材料切拌均勻。

4 攪拌至沒有殘餘麵粉時，放入巧克力豆和蔓越莓乾拌勻。

5 用冰淇淋勺或圓形湯匙將麵團舀入鋪有烘焙紙的烤盤上，約11～12個小球狀。

6 用刮刀或手將麵團壓成扁平的圓形，放上巧克力豆和蔓越莓乾，並稍微按壓，讓巧克力豆和蔓越莓乾崁入麵團中。放入以170℃預熱好的烤箱，烤15～18分鐘，完成。

漂亮的包裝法

做好大片的手作餅乾，先一片一片各自裝入透明塑膠袋，再用臘紙袋包裝，並用漂亮的線繩綁個蝴蝶結，就是相當別緻的餅乾禮物了。

4-12 德式鐵鍋煎餅

德式鐵鍋煎餅是一道從烤箱取出後，要馬上趁熱品嘗的德式甜點。
放入烤箱烘烤後，邊緣的麵糊會膨脹變得酥脆。
鐵鍋或烤箱用器皿沒有事先預熱，麵糊可能膨脹不起來，因此要先放入烤箱預熱。

材料

份量 ┤ 直徑8.5cm迷你平底鐵鍋或烤箱用器皿，2個

食材 ┤ ◆ 全蛋1個 ◆ 白砂糖15g ◆ 牛奶60g ◆ 低筋麵粉50g
◆ 奶油10g（分成2等份，每份5g） ◆ 糖粉或防潮糖粉少許
◆ 各式水果適量 ◆ 香草冰淇淋1～2球 ◆ 楓糖少許

工具 ┤ ◆ 調理盆 ◆ 打蛋器 ◆ 橡皮刮刀 ◆ 網篩 ◆ 迷你平底鐵鍋或烤箱用器皿

作法

1　依據個人喜好，準備一些當季盛產的水果。香蕉請剝皮後切片；葡萄柚或柑橘類水果，
　　請用刀子切取內部果肉；若是葡萄等可以連皮直接吃的水果，可以整粒使用，或是切成
　　對半。

2　製作麵糊。調理盆中放入全蛋，稍微打散後，放入砂糖和牛奶一起攪拌均勻。

3　篩入低筋麵粉，用打蛋器或刮刀攪拌至沒有殘餘麵粉，完成麵糊。

4　迷你平底鐵鍋或烤箱用器皿中放入奶油，放入190～200℃的烤箱，預熱5～10分鐘，融
　　化奶油，也預熱烤箱和鐵鍋。預熱好之後，拌好的麵糊分成2等份，分別倒入鐵鍋，再
　　放回烤箱烘烤10～15分鐘。

5　烤得焦香酥脆的鐵鍋煎餅從烤箱中取出，馬上撒上糖
　　粉，並放入一球冰淇淋，再放滿各式各樣的新鮮水
　　果，最後淋上楓糖，完成。請趁熱品嘗。

4-13 紅茶酥餅

麵團中加入紅茶粉，餅乾會呈現紅茶色澤，
若再加入1包紅茶茶包中的茶葉碎末，酥餅的茶香味會更濃郁。
餅乾麵團搓揉成圓棍狀，可以搓揉得更細一點，製作成小巧可愛的酥餅，很適合用來送禮。

材料
份量〈 以烘烤前的4cm麵團大小為準,約25～30個

食材〈 ◆ 奶油100g ◆ 白砂糖50g ◆ 黃砂糖50g ◆ 鹽少許 ◆ 全蛋30g
◆ 低筋麵粉190g ◆ 紅茶粉10g ◆ 裹在外圍的白砂糖少許

工具〈 ◆ 調理盆 ◆ 橡皮刮刀 ◆ 電動攪拌器(打蛋器) ◆ 刀子 ◆ 烤盤
◆ 烘焙紙或保鮮

作法

1　常溫軟化的奶油放入調理盆,用電動攪拌器稍微打散後,加入白砂糖、黃砂糖、鹽,攪打到顏色比原先稍微淺一點。

2　分次加入打散的全蛋液,持續攪打到蛋液完全融入奶油中。篩入低筋麵粉、紅茶粉攪拌均勻。

3　麵團放入保鮮膜或烘焙紙中,搓揉成直徑4cm的圓棍狀,放入冰箱冷凍30分鐘～1小時,使麵團凝固變硬。

4　冷凍變硬的麵團從冰箱取出,放在砂糖上滾動,表面均勻裹上砂糖。若麵團太硬不易沾裹砂糖,可以在常溫中靜置一下,待麵團表面變軟,就很容易沾附砂糖。裹好砂糖,麵團切成厚7mm的圓片。

5　餅乾麵團整齊排列在鋪好烤盤紙的烤盤上,並保持間距。放入以180℃預熱好的烤箱,溫度調降至170℃,烤15～20分鐘,完成。

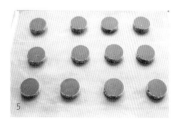

4-14 白巧克力豆夏威夷豆餅乾

麵團放置在烤盤上，麵團與麵團的間距要稍微大一點，
因為餅乾擴展開來的幅度會比想像中大，間距留大一點，餅乾才不會沾黏在一起。

材料

| 份量 | 直徑11cm，11～12片 |

食材　◆ 奶油120g　◆ 鹽1g　◆ 黃砂糖45g　◆ 白砂糖45g　◆ 蜂蜜30g
　　　◆ 全蛋1個（約52g）　◆ 香草籽少許　◆ 低筋麵粉120g　◆ 高筋麵粉80g
　　　◆ 泡打粉¼小匙　◆ 小蘇打粉¼小匙
　　　◆ 白巧克力豆和夏威夷豆（拌入麵團用）各50g
　　　◆ 白巧克力豆和夏威夷豆（鋪在餅乾表面用）各30g

工具　◆ 調理盆　◆ 打蛋器或電動攪拌器　◆ 橡皮刮刀　◆ 球徑3cm冰淇淋勺　◆ 烤盤

作法

1　常溫軟化的奶油放入調理盆，用打蛋器打散後，加入黃砂糖、白砂糖、蜂蜜、鹽，攪打到顏色比原先稍微淺一點。

2　分次加入打散的全蛋液，持續攪拌到蛋液完全融入奶油中。

3　篩入低筋麵粉、高筋麵粉、泡打粉、小蘇打粉、用刮刀以畫11的方式將材料切拌均勻。

4　放入白巧克力豆和夏威夷豆，用刮刀翻拌均勻。

5　用冰淇淋勺或圓形湯匙將麵團舀入鋪有烘焙紙的烤盤上，約11～12個小球狀。用刮刀或手將麵團壓成扁平的圓形，放上白巧克力豆和夏威夷豆，並稍微按壓，使其崁入麵團中。放入以170℃預熱好的烤箱，烤15～18分鐘，完成。

牛奶抹醬

熬煮牛奶抹醬，可以加入一點伯爵茶包中的茶末，或是用沖泡好的伯爵奶茶直接替代牛奶，
製作成伯爵茶牛奶抹醬。也可直接加入紅茶粉一起熬煮，就是紅茶牛奶抹醬。
牛奶抹醬做好，不要馬上吃，放入冰箱冷藏幾天再品嘗，更加美味。

材料

份量〈 120ML果醬瓶，2瓶

食材〈
 ◆ 牛奶抹醬：牛奶200G、動物性鮮奶油200G、白砂糖120G、蜂蜜20G、香草籽少許（可省略）
 ◆ 抹茶牛奶抹醬：牛奶200G、動物性鮮奶油200G、白砂糖120G、蜂蜜20G（無香味的蜂蜜）、抹茶粉4～5G（可用綠茶粉替代）

工具〈 ◆ 耐熱刮刀 ◆ 鍋子 ◆ 果醬瓶

作法

1 製作基礎牛奶抹醬。牛奶抹醬的材料全部放入鍋中，以中火慢慢熬煮，煮沸後，繼續熬煮，並用刮刀持續攪拌，防止底部燒焦。

2 大約熬煮25～30分鐘，牛奶液會變濃稠，完成牛奶抹醬。

3 牛奶抹醬倒入預先用熱水煮過並晾乾的果醬瓶。

4 趁熱蓋緊瓶蓋，並將果醬瓶倒立放（冷卻後瓶內會形成真空狀態），靜置到完全冷卻，放入冰箱冷藏保存。

5 製作抹茶牛奶抹醬的步驟與牛奶抹醬相同。全部材料放入鍋中，以中火慢慢熬煮，並用刮刀持續攪拌。

6 因為加入抹茶粉，牛奶液熬煮變濃稠的時間會縮短，從煮沸開始計算，大約煮20～25分鐘即可。

7 抹茶牛奶抹醬倒入預先用熱水煮過並晾乾的果醬瓶。趁熱蓋緊瓶蓋，並將果醬瓶倒立放，冷卻後放入冰箱冷藏保存。

能多益巧克力蛋糕

如果不使用迷你咕咕洛夫烤模，而改用一個大的咕咕洛夫烤模，烘烤時間請增加5～10分鐘。

材料

份量　7cm×3.5cm迷你咕咕洛夫烤模，6個

食材　* 奶油80g　* 白砂糖70g　* 鹽少許　* 全蛋2個　* 香草籽少許
* 低筋麵粉120g　* 泡打粉2g　* 能多益巧克力醬100g
* 奶油或烤盤油（塗刷烤模用）少許

工具　* 電動攪拌器（打蛋器）　* 調理盆　* 網篩　* 橡皮刮刀　* 塑膠擠花袋
* 迷你咕咕洛夫烤模

作法

1　迷你咕咕洛夫烤模中塗刷一層常溫軟化奶油，或是噴上烤盤油，備用。常溫軟化的奶油
　　放入調理盆，用電動攪拌器將奶油打散，加入砂糖、鹽，攪打到奶油顏色泛白。

2　分次加入打散的全蛋液，攪打到蛋液完全融入奶油中。再刮入香草籽拌勻。

3　篩入低筋麵粉和泡打粉，用刮刀翻拌均勻。

4　麵糊挖出約200g，倒入另一個調理盆，加入能多益巧克力醬，攪拌均勻。

5　拌好的原味麵糊和能多益巧克力麵糊分別裝入擠花袋。

6　取出塗刷過奶油的迷你咕咕洛夫烤模，原味麵糊和能多益巧克力麵糊交錯填入烤模內。
　　每格烤模內先用能多益巧克力麵糊擠3個點，再用原味麵糊擠3個點，填滿空隙後，用
　　筷子攪動麵糊約2～3次，使兩種顏色的麵糊稍微混合。放入以170℃預熱好的烤箱，烤
　　20～25分鐘，完成。

蒙布朗

使用本食譜的蒙布朗以杏仁塔做為底基，可以依據個人喜好，變化成蛋白霜脆餅，或是各式餅乾。

材料

份量〈 直徑6CM圓形塔模，8～9個

食材〈 ◆去殼甘栗1包 ◆鏡面果膠少許 ◆防潮糖粉少許

　　◆塔皮：奶油80G、糖粉35G、鹽1G、全蛋28G、低筋麵粉130G、杏仁粉20G、香
　　　草粉少許、手粉（低筋麵粉）少許

　　◆杏仁餡：奶油50G、糖粉50G、全蛋50G、杏仁粉50G

　　◆栗子餡：栗子泥400G、奶油60G、動物性鮮奶油70G、香草醬1G（可用香草籽
　　　替代）、蘭姆酒3G

　　◆乳酪餡：動物性鮮奶油150G、馬斯卡彭乳酪50G、白砂糖12G、香草籽少許

工具〈

◆調理盆 ◆刮板 ◆擀麵棍 ◆塑膠袋 ◆叉子 ◆橡皮刮刀 ◆打蛋器 ◆電動攪拌器
◆網篩 ◆圓形餅乾壓模 ◆迷你塔模 ◆抹刀 ◆刷子 ◆塑膠擠花袋 ◆圓形花嘴
◆蒙布朗花嘴

作法

1　製作塔皮。低筋麵粉、杏仁粉、糖粉、鹽、香草粉一起篩入調理盆，再將冰涼的奶油切
　　小塊，加入調理盆，用刮板反覆剁切奶油，使奶油與麵粉均勻混合。

2　奶油變得細碎且均勻裹上麵粉後，用指尖快速搓捏成砂粒狀。全蛋打散，倒入麵粉中
　　央，用刮板反覆剁切，使蛋液與麵粉充分混合成鬆散的麵團。

3　麵團放到工作檯，用手掌底端將麵團往前推揉，重複此動作3次，使麵團緊實。

4　用刮板將麵團聚合後，放入塑膠袋中包好並稍微壓平，放入冰箱冷藏鬆弛1小時。

5　取出鬆弛好的塔皮麵團，在工作檯和麵團表面都撒上一些手粉，用擀麵棍邊擀邊轉動麵團，將麵團擀開成為厚2mm的平面。用直徑7cm的餅乾壓模將麵團壓成圓片狀。擀麵團的過程中，麵團可能會有點升溫軟化，因此壓成塔皮圓片後，請放入冰箱冷藏降溫一下。

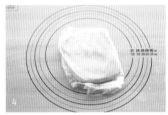
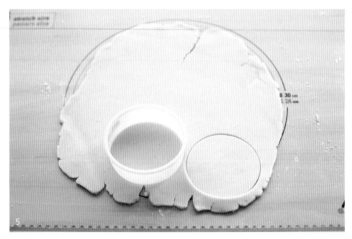

6　取出降溫的塔皮圓片，分別放入塔模內，用手按壓緊實。塔皮底部用叉子戳一些氣孔，再放回冰箱冷藏。

7　製作杏仁餡。常溫軟化的奶油放入調理盆，稍微打散後，倒入糖粉，攪拌均勻。

8 全蛋打散，以少量多次的方式加入奶油中，攪拌至蛋液完全融入奶油中。

9 篩入杏仁粉，攪拌至看不到殘餘的杏仁粉，完成杏仁餡。

10 從冰箱取出塔模，調好的杏仁餡填入塔皮內。放入以170℃預熱好的烤箱，烤25～30分鐘。

11 從烤箱中取出烤好的塔皮，連同塔模一起靜置降溫一下，脫模，再靜置至完全冷卻。

12 製作栗子餡。栗子泥放入調理盆，用刮刀稍微拌開後，加入香草醬和蘭姆酒拌勻。

13 加入常溫軟化的奶油，攪拌均勻。

14 鮮奶油用另一個調理盆打發成鮮奶油霜，分2～3次加入栗子泥中，攪拌均勻。

15 栗子泥攪拌至光滑柔順，完成栗子餡。

16 製作栗子餡內部的乳酪餡。取一個調理盆，放入馬斯卡彭乳酪、砂糖，並刮入香草籽，攪拌均勻。1/3冰涼的鮮奶油倒入乳酪中攪拌均勻。

17 調理盆下方墊一盆冰塊水，維持冷度，剩餘的冰涼鮮奶油全部倒入乳酪中，用電動攪拌器打發至出現紋路，且具有濃厚流質感的狀態，即完成乳酪餡。

18 蒙布朗花嘴和圓形花嘴分別與擠花袋組裝好。栗子餡裝入有蒙布朗花嘴的擠花袋中；乳酪餡裝入有圓形花嘴的擠花袋中。

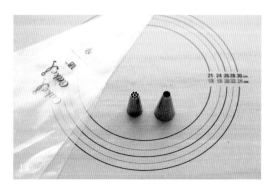

19 杏仁塔先擠上少許乳酪餡，放上一粒去殼甘栗，再用乳酪餡從底部繞圈向上擠成圓錐狀，最後用抹刀抹平側面，成為尖塔形狀。

20 栗子餡從底部繞圈向上擠，沿著乳酪餡的形狀擠滿栗子餡。

21 表面撒上防潮糖粉，塔尖再放上一粒去殼甘栗作為裝飾。若有鏡面果膠，去殼甘栗表面可以塗一點鏡面果膠，增加亮度，並保持濕潤。沒有的話也可以省略不用。

POINT：正統的蒙布朗，最後放在塔頂的栗子應該要使用法式糖漬栗子（marron glacé）。本書為了讓讀者製作更方便，直接使用市售的去殼甘栗替代。如果時間充裕，也可以買栗子自製成糖漬栗子使用。

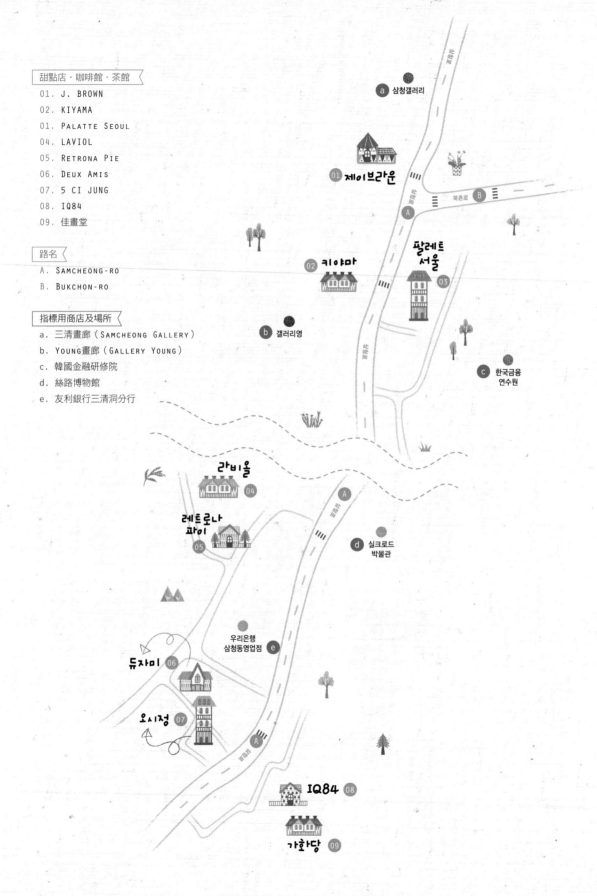

甜點店 · 咖啡館 · 茶館

01. J. BROWN
02. KIYAMA
01. PALATTE SEOUL
04. LAVIOL
05. RETRONA PIE
06. DEUX AMIS
07. 5 CI JUNG
08. IQ84
09. 佳畫堂

路名

A. SAMCHEONG-RO
B. BUKCHON-RO

指標用商店及場所

a. 三清畫廊 (SAMCHEONG GALLERY)
b. YOUNG畫廊 (GALLERY YOUNG)
c. 韓國金融研修院
d. 絲路博物館
e. 友利銀行三清洞分行

a 삼청갤러리

01 제이브라운

02 키야마

팔레트
서울 03

b 갤러리영

c 한국금융
연수원

라비올 04

레트로나
파이 05

A

d 실크로드
박물관

우리은행
삼청동영업점 e

듀자미 06

오시정 07

A

IQ84 08

가화당 09

PART ⑤

三清洞

三清洞，北村韓屋聚落的所在地，是熱
鬧的首爾中，最能感受到靜謐氛圍的地
方。不僅適合情侶來此約會，還可以在
傳統韓屋中品嘗美味的餐點和茶點，來
這裡感受韓國的傳統風情吧！

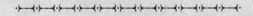

5-1	香蕉巧克力慕斯塔
5-2	蛋塔
5-3	番茄磅蛋糕
5-4	羊羹，三種口味
5-5	迷你抹茶（綠茶）戚風蛋糕
5-6	抹茶刨冰
5-7	杏仁巧克力，三種口味
5-8	南瓜義式脆餅
5-9	吉拿圈
5-10	生巧克力（松露巧克力）
5-11	年糕土司
5-12	糯米蛋糕

香蕉巧克力慕斯塔

沒有香草莢，慕斯和乳酪鮮奶油霜材料中的香草籽可以省略不加，
但是有的話，加入慕斯和乳酪鮮奶油霜中，成品的香氣和風味更好。
慕斯塔做好，切得漂亮俐落也很重要，切之前，菜刀或麵包刀要先用熱水燙過並擦乾水分。
每切一刀，刀子擦拭乾淨，再燙過並擦乾水分，切出來的斷面就會很乾淨漂亮。

材料

份量 〈 直徑21CM圓形菊花塔模，1個

食材 〈 ◆ 香蕉3根 ◆ 巧克力碎片少許（裝飾用）

◆ 塔皮：奶油80G、糖粉40G、鹽少許、全蛋28G、低筋麵粉130G、杏仁粉20G、香
  草粉少許、蛋液少許（使用拌入麵團剩餘的蛋液即可）、手粉（低筋麵粉）少許

◆ 巧克力甘納許：調溫黑巧克力35G、動物性鮮奶油35G

◆ 巧克力慕斯：動物性鮮奶油100G、白砂糖15G、蛋黃30G、香草籽少許、吉利丁片
  2G、調溫黑巧克力100G、調溫牛奶巧克力50G、動物性鮮奶油（打發成鮮奶油霜
  用）200G

◆ 乳酪鮮奶油霜：動物性鮮奶油200G、馬斯卡彭乳酪30G、白砂糖17G、香草籽少許

工具 〈

◆ 調理盆 ◆ 刮板 ◆ 擀麵棍 ◆ 塑膠袋 ◆ 叉子 ◆ 烘焙紙 ◆ 烘焙石 ◆ 耐熱刮刀
◆ 打蛋器 ◆ 電動攪拌器 ◆ 網篩 ◆ 塑膠擠花袋 ◆ 圓形花嘴 ◆ 刀子和砧板 ◆ 抹刀
◆ 刷子 ◆ 圓形菊花塔模

作法

1 製作塔皮。低筋麵粉、杏仁粉、糖粉、鹽、香草粉一起篩入調理盆，再將冰涼的奶油切
  小塊，加入調理盆，用刮板反覆剁切奶油，使奶油與麵粉均勻混合。

2 奶油變得細碎且均勻裹上麵粉後，用指尖快速搓捏成砂粒狀。全蛋打散，倒入麵粉中
  央。

3 用刮板反覆剁切，使蛋液與麵粉充分混合成鬆散的麵團。麵團放到工作檯上，用手掌底端將麵團往前推揉，重複此動作3次，使麵團緊實。

4 用刮板將麵團聚合後，放入塑膠袋中包好並稍微壓平，放入冰箱冷藏鬆弛1小時。

5 取出鬆弛好的塔皮麵團，在工作檯和麵團表面都撒上一些手粉，用擀麵棍邊擀邊轉動麵團，擀開成為比塔模稍大一點的3mm厚平面。

6 塔皮移到塔模上，運用指腹將塔皮緊密壓入塔模的每個皺摺中。用擀麵棍在塔模上滾一圈，切斷多餘塔皮。塔皮底部用叉子戳一些氣孔，放入冰箱冷藏10～20分鐘，讓塔皮鬆弛降溫一下。

7　塔模從冰箱取出，取一張比塔模稍大一點的烘焙紙，用手揉撐變軟，覆蓋在塔皮上，再填滿烘焙石。放入以160℃預熱好的烤箱，烤30分鐘。

8　烘烤30分鐘後，拿掉烘焙石和烘焙紙，用刷子快速將蛋液均勻塗刷在塔皮表面，放入烤箱，再烤5分鐘，將蛋液烤成金黃色澤。烤好從烤箱取出，連同塔模直接放在冷卻架上，待塔皮充分降溫後再脫模。

9　製作巧克力甘納許。調溫黑巧克力隔水加熱融化後，倒入加熱至微燙的鮮奶油，攪拌均勻。塔皮冷卻後，倒入巧克力甘納許抹平，放入冰箱冷藏。

10　製作巧克力慕斯。吉利丁片先以冰水浸泡軟化，備用。黑巧克力和牛奶巧克力一起隔水加熱融化，備用。取一個鍋子，倒入鮮奶油100g，並刮入香草籽，以中火加熱至鍋緣冒泡，備用。取一個調理盆，放入蛋黃和砂糖打散後，倒入加熱好的香草籽鮮奶油拌勻。

11 蛋奶液重新倒回鍋中，以中小火加熱，用耐熱刮刀以畫8字的方式緩慢且持續地攪拌。不需要煮至沸騰、冒泡，只要溫度慢慢上升，蛋奶液漸漸變濃稠成為蛋奶醬即可。

12 用刮刀舀起變稠的蛋奶醬，再用手指刮出一條痕跡，若痕跡清楚且維持不變，就表示達到所需的濃稠度，此時溫度大約是84℃左右。關火，泡軟的吉利丁片擰乾，放入蛋奶醬中，攪拌均勻。

13 用網篩過濾煮好的蛋奶醬，加入融化好的巧克力中，用刮刀拌勻。等一下要拌入打發好的鮮奶油霜，蛋奶醬先靜置稍微降溫。

14 冰涼的鮮奶油倒入調理盆，下方墊一盆冰塊水，維持冷度，用電動攪拌器攪打鮮奶油至7分發，開始出現紋路，變成具有濃厚流質感的鮮奶油霜即可。

15 蛋奶醬降溫到與體溫差不多時，打發好的鮮奶油霜分3次拌入，用刮刀翻拌成滑順狀態，完成巧克力慕斯。

16　香蕉切成適當的小段和三角形，可以切成各種形狀，盡可能填滿塔皮即可。

17　抹好巧克力甘納許的塔皮從冰箱取出，用抹刀抹上薄薄一層巧克力慕斯後，放上香蕉。

18　倒入剩下的巧克力慕斯，用抹刀抹成圓丘狀，放入冰箱冷凍，使慕斯凝固。

19　製作擠在巧克力慕斯上的乳酪鮮奶油霜。常溫軟化的馬斯卡彭乳酪放入調理盆，用電動攪拌器稍微打散後，加入砂糖拌勻。加入一部分鮮奶油，先與乳酪拌勻，再倒入剩餘的鮮奶油，並刮入香草籽，調理盆下方墊一盆冰塊水，維持冷度。乳酪和鮮奶油攪打至9分發，成為稍微硬挺的乳酪鮮奶油霜。

20　圓形花嘴和擠花袋組裝好，裝入打發好的乳酪鮮奶油霜。取出冷凍好的巧克力慕斯塔，用乳酪鮮奶油霜擠出小圓球，從外圍一圈一圈往中心擠，擠滿巧克力慕斯表面。放入冰箱冷凍或冷藏再冰涼一下。

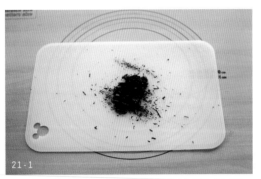

21　用刀子從巧克力磚上切下少許碎片，撒在冰好的巧克力慕斯塔表面做為裝飾，完成。

蛋塔

填充蛋奶液製成的蛋塔口感滑嫩，也可以用卡士達醬替代，做成口感厚實的蛋塔。

材料

份量 〉 直徑7CM圓形菊花塔模，10〜12個

食材 〉

+ 塔皮：奶油80G、糖粉15G、水10G、鹽3G、全蛋32G、低筋麵粉150G、香草粉
少許（可省略）、手粉（低筋麵粉）少許

+ 蛋奶液：牛奶200G、動物性鮮奶油133G、香草莢½根、白砂糖65G、蛋黃4個

工具 〉

+ 調理盆 + 打蛋器 + 網篩 + 鍋子 + 耐熱刮刀 + 刮板 + 圓形菊花塔模 + 叉子
+ 擀麵棍 + 塑膠袋或保鮮膜 + 烘焙石（可用米或豆子替代） + 烘焙紙杯
+ 烤盤 + 圓形餅乾壓模

作法

1　製作塔皮。低筋麵粉、糖粉、鹽、香草粉一起篩入調理盆，冰涼的奶油切小塊，加入調
理盆中，用刮板反覆剁切奶油，使奶油與麵粉均勻混合。奶油變得細碎且均勻裹上麵粉
後，用指尖快速搓捏成砂粒狀。

2　全蛋打散後，蛋液和水倒入麵粉中央。這裡的全蛋請使用冰涼狀態的雞蛋。用刮板反覆
剁切，使蛋液與麵粉充分混合成麵團。

3　麵團用塑膠袋或保鮮膜包好，放入冰箱冷藏鬆弛1小時。

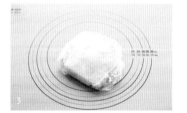

4　取出鬆弛好的麵團，
對切成兩半，上下重
疊。

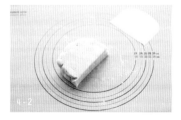

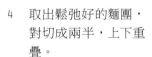

5　工作檯和麵團上撒一些手粉，用擀麵棍擀麵團。

6　麵團擀開成厚2mm的平面，用直徑10cm的餅乾壓模將塔皮壓成圓片狀。

7　塔皮鋪入塔模中，運用指腹將塔皮緊密壓入塔模內。塔皮底部用叉子戳一些氣孔，放入冰箱冷藏一下，使塔皮鬆弛並冷卻。

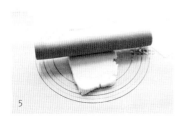

8　待塔模變冰涼，從冰箱取出。塔皮蓋上一張烘焙紙杯，再填滿烘焙石，放入以180℃預熱好的烤箱，烤20分鐘。

9　等待塔皮烘烤的時候，製作蛋奶液。取一個鍋子，倒入牛奶、鮮奶油，並刮入香草籽，加熱至鍋緣冒泡。

10　取一個調理盆，放入蛋黃打散，再放入砂糖，用打蛋器打發成鵝黃色細緻泡沫後，慢慢倒入加熱好的牛奶和鮮奶油，攪拌均勻。用網篩將蛋奶液過濾一次，完成蛋奶液。

11　塔皮烤好後，拿掉烘烤紙杯和烘焙石，倒入蛋奶液。放入180℃的烤箱，烤15～20分鐘，將表面烤出漂亮的焦糖色澤，完成。

番茄磅蛋糕

番茄等蔬果用烤箱以低溫長時間烘烤，就能製作成半乾燥的果乾。
但是半乾燥的果乾無法在常溫下久放，請放入冰箱冷藏保存，或盡快食用完畢。

材料

份量〈 長18CM磅蛋糕烤模，1個

食材〈 ⋅ 小番茄70G ⋅ 食用油或奶油少許

⋅ 番茄果醬：番茄500G、檸檬汁20G、白砂糖200G

⋅ 蛋糕：奶油100G、黃砂糖80G、鹽少許、全蛋2個、低筋麵粉120G、杏仁粉
20G、泡打粉2G、番茄果醬70G

工具〈

⋅ 鍋子 ⋅ 耐熱刮刀 ⋅ 果醬瓶 ⋅ 烤盤 ⋅ 調理盆 ⋅ 電動攪拌器（打蛋器）
⋅ 烘焙紙（油紙） ⋅ 磅蛋糕烤模

作法

1　先製作番茄果醬。在番茄底部用刀子劃出十字，放入熱水中稍微煮一下，再以冷水浸泡
並剝去外皮。

2　去皮番茄切成小丁，放入鍋中。切的時候刮除一部分番茄籽，煮出來的番茄果醬顏色會
比較清澈透亮。想連籽一起煮也沒關係，依個人喜好自行選擇即可。

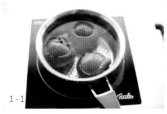

1-1

1-2

2

3 加入檸檬汁和砂糖拌勻,以中火加熱並持續攪拌,沸騰後再繼續熬煮約25分鐘。若開大火加熱,很容易燒焦,所以務必用中火慢慢熬煮。

4 水分煮到收乾至原先的一半,變濃稠,完成番茄果醬。做好的番茄果醬除了拿來製作磅蛋糕,也可以直接塗抹在麵包上食用。

5 此材料做出來的番茄果醬份量較多,製作磅蛋糕所需的番茄果醬另外盛裝並靜置放涼,剩餘的番茄果醬裝入熱燙殺菌過的玻璃瓶(份量約120ml,2瓶)保存,平時可以當麵包抹醬食用。

6 小番茄放入烤箱烘乾。小番茄洗淨,切成對半,平鋪在鋪有烘焙紙的烤盤上,以100℃低溫烘烤2小時,使水分蒸發,成為半乾燥的小番茄乾。

POINT:也可以使用乾果機製作。

7　製作磅蛋糕麵糊。常溫軟化的奶油放入調理盆，用電動攪拌器稍微打散後，倒入黃砂糖和鹽，攪拌均勻。

8　全蛋打散後，以少量多次的方式加入奶油中一起攪打，直到蛋液完全融入奶油中。篩入低筋麵粉、杏仁粉、泡打粉，翻拌均勻。

9　靜置冷卻的番茄果醬倒入麵糊中拌勻，再放入小番茄乾，稍微攪拌一下，完成磅蛋糕麵糊。

10　麵糊倒入鋪好烘焙紙的磅蛋糕烤模，用刮刀稍微抹平麵糊表面，並在桌面敲幾下烤模。抹平後，拿一個乾淨的刮刀，沾取食用油或奶油，在麵糊中央深切一道中心線。放入以180℃預熱好的烤箱，溫度調低10℃至170℃，烤30～35分鐘，完成。

羊羹，三種口味

製作栗子羊羹時，若沒有栗子，可以用果乾或核桃等堅果替代。
使用南瓜或地瓜的話，可以製作出口味豐富的羊羹。

材料

份量 〈 直徑16.5cm×16.5cm慕斯模1個，或18cm×7cm羊羹模型2個

食材 〈

◆ 火龍果羊羹：水300g、寒天粉8g、白砂糖100g、蜂蜜（或透明玉米糖漿）30g、白豆沙500g、火龍果粉5g

◆ 抹茶羊羹：水300g、寒天粉8g、白砂糖100g、蜂蜜（或透明玉米糖漿）30g、白豆沙500g、抹茶粉5g

◆ 栗子羊羹：水300g、寒天粉8g、白砂糖100g、蜂蜜（或透明玉米糖漿）30g、紅豆沙500g、罐頭糖漬栗子約100～120g

工具 〈

◆ 鍋子 ◆ 耐熱刮刀 ◆ 慕斯模或羊羹模具

作法 〉

1 製作火龍果羊羹。水和寒天粉放入鍋中，攪拌均勻後，靜置15分鐘。寒天粉充分吸收水分後，開中火加熱並持續攪拌，沸煮3～4分鐘，使寒天溶解。

2 寒天充分溶解後，加入砂糖和蜂蜜（或透明玉米糖漿），持續加熱並攪拌，大約煮10～15分鐘。

3　放入白豆沙和火龍果粉，用刮刀攪拌均勻，轉文火並持續攪拌，煮15分鐘，羊羹糊熬煮至顏色均一且濃稠。

4　準備好喜歡的羊羹模或方形慕斯模，倒入煮好的羊羹糊，在常溫靜置冷卻後，放入冰箱冷藏2小時。羊羹充分凝固後，從冰箱取出，切成羊羹形狀或適當大小。

5　抹茶羊羹的製作方法與火龍果羊羹相同，火龍果粉改成抹茶粉熬煮即可。做好一樣要放入冰箱冷藏2小時，待羊羹充分凝固，再切成喜歡的大小。

6　製作栗子羊羹，前面寒天粉浸泡和熬煮的做法相同，寒天煮好之後，放入紅豆沙拌勻並熬煮。

7　紅豆羊羹糊熬煮至顏色均一且變得濃稠後，倒入鋪好烘焙紙的慕斯模中。糖漬栗子整齊排列在羊羹糊表面，再輕壓崁入羊羹糊中。放入冰箱冷藏，使羊羹充分凝固。

8　冷藏2小時充分凝固後，以側邊切面能看到栗子的方式切成正方形。使用塑膠模或塑膠盒包裝，完成。

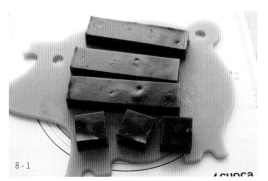

8-1

8-2

漂亮的包裝法

切成正方形的羊羹一個一個用塑膠盒獨立包裝，貼上貼紙，再裝入有年節氣氛的禮盒，就是一份充滿心意又很體面的禮物。

迷你抹茶(綠茶)戚風蛋糕

沒有迷你中空烘烤紙杯,可以直接使用直徑17～18cm中空戚風蛋糕模,
烤成戚風蛋糕,烘烤時間請增加10～15分鐘。

材料

份量 8.5CM×3CM迷你中空烘烤紙杯，6個

食材
+ 蛋黃3個 + 白砂糖30G + 鹽少許 + 葡萄籽油45G + 牛奶50G
+ 抹茶粉（或綠茶粉）10G + 低筋麵粉50G + 高筋麵粉10G
+ 泡打粉1～2G + 蛋白130G（約4個） + 白砂糖（打發蛋白霜用）40G
+ 其他：動物性鮮奶油100G、白砂糖10G（可省略）、蜜紅豆少許

工具
+ 調理盆 + 電動攪拌器 + 打蛋器 + 橡皮刮刀 + 網篩 + 拋棄式迷你中空烘烤紙杯

作法

1　取一個調理盆，放入蛋黃打散，再放入砂糖和鹽，用打蛋器打發成鵝黃色細緻泡沫後，以少量多次的方式加入葡萄籽油和牛奶，攪拌均勻。

2　低筋麵粉、高筋麵粉、泡打粉、抹茶粉混合後，分2次篩入蛋黃糊中，用打蛋器攪拌均勻。

  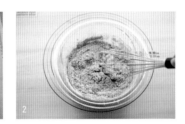

3　製作蛋白霜。取另一個調理盆，放入蛋白，用電動攪拌器打出大氣泡後，持續攪拌並將砂糖分3次加入一起攪拌均勻，再將剩餘的砂糖分2次加入，打發成挺立的乾性發泡蛋白霜。

4　1/3打發好的蛋白霜倒入抹茶麵糊中，用打蛋器拌勻，剩餘的蛋白霜再分2次加入，改用刮刀輕柔地攪拌均勻。

5　拌好的麵糊倒入迷你中空烘烤紙杯，用筷子在麵糊中攪動一下，去除內部殘留空氣。放入以160～170℃預熱好的烤箱，烤20分鐘。

6　戚風蛋糕烤好，從烤箱中取出，連同烤模一起倒立放置，靜置冷卻。

7　製作鮮奶油霜。冰涼的鮮奶油和砂糖倒入調理盆，下方墊一盆冰塊水，維持冷度，用電動攪拌器攪打，鮮奶油攪打至7分發，開始出現紋路，變成具有濃厚流質感的鮮奶油霜。

8　品嘗前，戚風蛋糕脫模，在中心空洞的地方填入鮮奶油霜，再放上蜜紅豆，完成。

漂亮的包裝法

烤好的戚風蛋糕切成小塊，放入寬底的餅乾包裝袋中，不僅方便食用，還可以當作小禮物送人。

抹茶刨冰

材料

份量 ⟨ 1～2人份

食材 ⟨
　◆ 抹茶冰：牛奶200ɢ、水（冷水）200ɢ、白砂糖20ɢ、抹茶粉3～4ɢ
　◆ 蜜紅豆：紅豆200ɢ、白砂糖100ɢ、鹽少許、水適量
　◆ 裝飾：黃豆粉年糕或糯米糕適量

工具 ⟨
　◆ 鍋子　◆ 耐熱刮刀　◆ 製冰盒、食物調理機（食物料理棒）或碎冰機

作法

1　製作抹茶冰磚。本食譜的抹茶冰磚有加水，口感更清爽，若喜歡奶味濃厚一點，水的份量可以換成牛奶。水和砂糖放入鍋中拌勻，開中火加熱，煮至鍋緣冒泡，砂糖完全融化後，放入抹茶粉，攪拌均勻。

2　煮好的抹茶糖水稍微靜置降溫後，加入牛奶拌勻。

3　抹茶牛奶倒入製冰盒，放入冰箱冷凍一晚，使抹茶牛奶結凍成冰磚。使用矽膠製冰盒，比較容易脫模。

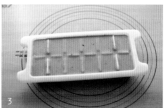

4 製作蜜紅豆。紅豆洗淨後，放入鍋中，倒入2倍的水。開火煮至沸騰後，倒掉第一次煮紅豆的水，再加入3～4倍的水、砂糖、鹽，持續加熱並攪拌，避免燒焦，紅豆煮到變熟，能壓破為止。煮熟之後，靜置降溫，放入冰箱冷藏保存。

5 冰凍一晚的抹茶冰磚取出，放入碎冰機或食物調理機中打成碎冰。

POINT：使用碎冰機製作的話，口感更佳。

6 抹茶碎冰盛入碗中，舀入一些蜜紅豆，裝滿抹茶碎冰呈隆起圓丘狀，再舀上一些蜜紅豆，最後放上黃豆粉年糕裝飾，完成。

製作多種口味的刨冰

牛奶和水以1：1的比例調和，製作成碎冰，再放上蜜紅豆，就是一碗紅豆牛奶刨冰。牛奶冰磚打成碎冰，上面放上一球焦糖冰淇淋，淋上自製的焦糖醬並撒上堅果，就是咖啡館熱門甜品──焦糖牛奶刨冰。

杏仁巧克力，三種口味

本食譜材料做出來的杏仁巧克力剛剛好是每種口味各一杯塑膠甜點杯的份量。
做好之後，不需要額外再用紙箱包裝，直接將甜點杯裝入塑膠袋，
再用緞帶綁上蝴蝶結，就是一分別緻的手工小禮物了。

材料

份量〈 甜點杯，3杯

食材〈 ◆ 杏仁粒250G ◆ 白砂糖80G ◆ 水30G ◆ 奶油10G ◆ 調溫黑巧克力100G
◆ 無糖可可粉20G ◆ 糖粉20G ◆ 綠茶粉20G

工具〈 ◆ 鍋子 ◆ 耐熱刮刀 ◆ 調理盆 ◆ 不鏽鋼托盤 ◆ 網篩

作法

1 杏仁粒放入160～170℃的烤箱，烤5分鐘。鍋中放入砂糖和水，開火煮沸，砂糖融化後，倒入烤好的杏仁粒。

2 以小火持續拌炒杏仁粒，表面糖液會結晶成白色，再繼續拌炒，砂糖結晶會融化，轉化成焦糖。雖然有點花時間，但是絕對不能用中火或大火加熱，務必要用小火慢慢加熱，砂糖變成焦糖色後，關火，放入奶油攪拌均勻。

3 裹好焦糖的杏仁粒平鋪在不鏽鋼托盤或寬大的調理盆中，不要重疊在一起，靜置降溫。

4　等待杏仁粒冷卻的時候，調溫黑巧克力
　　隔水加熱融化。

5　杏仁粒冷卻後，倒入調理盆中，再倒入
　　一些融化的黑巧克力，用刮刀攪拌均
　　勻。杏仁粒表面的巧克力都凝固後，再
　　倒入一些融化的黑巧克力，攪拌至巧克
　　力凝固。

6　重複步驟5，巧克力都裹到杏仁粒表面後，將杏仁巧克力分成3等份。取1/3杏仁巧克
　　力，放入無糖可可粉中沾裹，再用網篩篩掉多餘的可可粉。

7　再取1/3杏仁巧克力，放入糖粉中沾裹，再用網篩篩掉多餘的糖粉。

8　剩下的1/3杏仁巧克力放入抹茶粉中沾裹，用網篩篩掉多餘的抹茶粉。完成3種口味的杏
　　仁巧克力。

南瓜義式脆餅

義式脆餅要先烤成麵包，切片後再烤成酥脆的餅乾，因此有2次烘烤的過程。
烤好的麵包馬上切的話，很容易散掉，請稍微靜置冷卻後再切片。

材料

份量 〈 約20片

食材 〈 ◆ 低筋麵粉200G ◆ 杏仁粉20G ◆ 黃砂糖85G ◆ 泡打粉3G ◆ 全蛋1個
◆ 鹽少許 ◆ 葡萄籽油（可用其他食用油替代）20G ◆ 蒸熟的南瓜100G
◆ 南瓜籽80G ◆ 手粉（低筋或高筋麵粉）少許

工具 〈 ◆ 調理盆 ◆ 打蛋器 ◆ 橡皮刮刀 ◆ 烤盤 ◆ 麵包刀 ◆ 冷卻架 ◆ 網篩

作法

1   南瓜用蒸籠或微波爐蒸熟，靜置放涼，切除表皮，備用。取一個調理盆，放入全蛋打散
    後，放入黃砂糖和鹽，攪拌均勻。

2   砂糖攪拌至融化，沒有顆粒後，加入葡萄籽油攪拌均勻。

3   放入冷卻的熟南瓜，攪拌均勻。

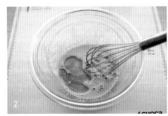

4　篩入低筋麵粉、杏仁粉、泡打粉，用刮刀翻拌均勻。

5　攪拌至沒有殘餘麵粉時，放入南瓜籽，攪拌成團狀。

6　麵團放到鋪好烘焙紙的烤盤上，塑形成27cm×10cm×1.5cm的扁平長方形。塑形時，若麵團會黏手，可以撒一些手粉。

POINT：出爐後馬上切，麵包很容易散掉。

7　放入以170℃預熱好的烤箱，烤35分鐘。

8　烤好放置在冷卻架上，稍微降溫後，再切成厚1～1.5cm的片狀。

9　麵包切成片狀，平鋪在烤盤上，再放入以160℃預熱好的烤箱，烤15分鐘，完成。

5-9 吉拿圈

製作直條狀的吉拿棒，麵糊調好後，直接擠入油鍋中油炸即可。
做成其他形狀或是沒有馬上炸來吃，麵糊先擠在烘焙紙上，放入冰箱冷凍凝固，才方便油炸。

材料

份量 ⟨ 直徑5CM，10個

食材 ⟨ ◦ 牛奶80G ◦ 水80G ◦ 奶油25G ◦ 鹽1G ◦ 白砂糖15G ◦ 低筋麵粉50G
◦ 高筋麵粉50G ◦ 香草莢少許 ◦ 全蛋65G ◦ 白砂糖（沾裹表面用）40G
◦ 肉桂粉1G ◦ 炸油適量

工具 ⟨ ◦ 鍋子 ◦ 耐熱刮刀 ◦ 調理盆 ◦ 星形花嘴 ◦ 塑膠擠花袋 ◦ 烘焙紙
◦ 不鏽鋼托盤或盤子

作法

1　牛奶、水、奶油、鹽、砂糖放入鍋中，並刮入香草籽，開火煮至完全沸騰。

2　關火，篩入低筋麵粉和高筋麵粉，用耐熱刮刀拌勻後，重新以中火加熱。

3　用耐熱刮刀持續翻拌，使麵團的水分蒸發，直到鍋邊或鍋底出現霧色薄膜時，即可離火。

4　麵團放入調理盆中，用刮刀攤平，預先打散的全蛋液分3次加入麵團中拌勻，使蛋液完全融入麵團中，成為質地滑順的麵糊。

5　星形花嘴和擠花袋組裝好，裝入麵糊。沒有星形花嘴，也可以使用圓形花嘴。只要能擠出長條狀麵糊的花嘴都可以使用。

6　在烘焙紙上擠出倒立的水滴圈形狀。放入冰箱冷凍一下，使麵糊凝固，拿取時才不易斷裂，更方便油炸。

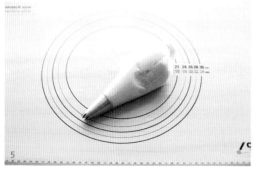

7　油鍋以中火加熱至170～180℃，放入麵糊，炸成焦香金黃。

8　砂糖和肉桂粉攪拌好，放上剛炸好的吉拿圈，趁熱沾裹上肉桂砂糖，完成。吃的時候，可以搭配果醬或是奶油乳酪一起品嘗。

5-10 生巧克力（松露巧克力）

材料

份量 〉 生巧克力矽膠模或15cm×15cm慕斯模1個，或12cm×12cm慕斯模1個

食材 〉 + 調溫黑巧克力270g + 調溫牛奶巧克力130g + 動物性鮮奶油190g
+ 蜂蜜30g + 奶油30g + 蘭姆酒20g + 無糖可可粉適量

工具 〉 + 調理盆 + 橡皮刮刀 + 打蛋器 + 鍋子 + 生巧克力矽膠模或慕斯模
+ 不鏽鋼托盤 + 刀子

作法

1　黑巧克力和牛奶巧克力放入調理盆，下方墊一盆熱水，隔水加熱融化。

2　取一個鍋子，倒入鮮奶油和蜂蜜，加熱至鍋緣冒泡後，分次倒入融化的巧克力中，用打蛋器緩慢地攪拌均勻。

3　常溫軟化的奶油也加入巧克力中，緩慢地拌勻。奶油務必先放置常溫軟化，才容易混合均勻。

4　最後再倒入蘭姆酒，用刮刀輕柔地拌勻。

5　巧克力倒入模具中。使用慕斯模的話，慕斯模放在不鏽鋼托盤上，鋪入一張保鮮膜，再倒入巧克力。放入冰箱冷藏3～4小時，使巧克力冷卻凝固。

6　巧克力凝固後，切除最邊緣的部分，使斷面平整，再切成3cm×3cm的正方形（請依照購買的生巧克力包裝尺寸裁切），表面撒上無糖可可粉，完成。

＊生巧克力若單純只用黑巧克力，苦味會過重，只用牛奶巧克力，又會過甜。因此黑巧克力中加入牛奶巧克力一起混合，做出來的生巧克力甜中帶一點苦味，會更好吃。

＊要製作數量較多的生巧克力當禮物送人，融化好的巧克力倒入慕斯模或巧克力模具，用密封袋或保鮮膜包好，放入冰箱冷凍保存。送禮前，從冰箱取出切塊，再裝入包裝分隔塑膠模和紙盒中即可。

＊生巧克力放在冰箱冷凍或冷藏時，為了避免生巧克力沾染到冰箱內其他食物的味道，請務必要密封包裝好。

＊生巧克力從冰箱冷凍取出後，若太硬切不下去，可以在常溫中靜置一下，待稍微軟化，再用刀子切成小塊。

年糕土司

土司除了用平底鍋乾煎，也可以抹上奶油，放入烤麵包機烘烤，
夾入年糕片，再放入微波爐加熱，使年糕融化，撒上黃豆粉，並淋上蜂蜜。

材料

份量 → 1人份

食材 → 土司2片 ◆ 年糕80～100g ◆ 奶油20～30g ◆ 蜂蜜適量
◆ 炒過的黃豆粉適量 ◆ 杏仁片少許

工具 → 平底鍋 ◆ 刀子 ◆ 網篩

作法

1　夾入土司的年糕切成片狀。

2　平底鍋預熱後，放上奶油融化，再放上土司，兩面都沾附到奶油，以中小火乾煎。

3　土司兩面都煎成金黃色，夾入年糕片。

4　夾好年糕片的土司反覆翻面加熱，使年糕像乳酪般融化。若覺得時間太久，可以將夾
好年糕片的土司稍微煎一下，放入微波爐加熱30秒～1分鐘，就能吃到熱騰騰的年糕土
司。

5　加熱好的年糕土司表面撒上滿滿黃豆粉，再淋上蜂蜜，放上少許杏仁片，就是知名咖啡
館的黃豆粉年糕土司了。

糯米蛋糕

自己研磨的糯米粉水分會比市售的糯米粉高，牛奶含量可以減少一點。
糯米蛋糕放太久，會變得有點硬，做好請盡快食用完畢。

材料

份量　20CMX20CM正方形烤模，1個

食材　◆ 糯米粉300G　◆ 牛奶260G～270G　◆ 全蛋1個　◆ 泡打粉1½小匙
　　　◆ 小蘇打粉½小匙　◆ 鹽少許　◆ 黃砂糖30G
　　　◆ 乾燥豆類＆果乾＆堅果（乾燥碗豆、乾燥紅豆、葡萄乾、核桃等）約
　　　　150G　◆ 杏仁片少許

工具　◆ 調理盆　◆ 打蛋器　◆ 橡皮刮刀　◆ 網篩　◆ 烘焙紙或油紙
　　　◆ 正方形烤模　◆ 麵包刀

作法

1　調理盆中篩入糯米粉、泡打粉、小蘇打粉，並放入黃砂糖、鹽、全蛋、牛奶、蜂蜜，一
　　起攪拌均勻。

2　再放入各式乾燥豆類、果乾、堅果，攪拌均勻。

3　麵糊倒入鋪好烘焙紙的方形烤模，表面撒滿杏仁片。放入以170℃預熱好的烤箱，烤
　　35～40分鐘。

4　烤好的糯米蛋糕切成
　　喜歡的大小，完成。

DESSERT ROAD